土木工程类专业应用型人才培养系列教材

GNSS 原理及应用

主　编　李　娜　任利敏

副主编　马志伟　王俊锋　马高峰
　　　　付克璐

主　审　刘绍堂　胡世雄

北京理工大学出版社
BEIJING INSTITUTE OF TECHNOLOGY PRESS

内 容 简 介

本书共分为 8 章。第 1 章为绪论，主要介绍全球卫星导航定位系统及其发展应用；第 2 ~ 4 章为卫星导航定位基础知识，主要讲述卫星导航定位基础、卫星运动、卫星星历、卫星信号等基础知识。第 5 章主要介绍 GPS 卫星定位基本原理，主要讲解卫星定位的基本原理以及 GNSS 测量误差的相关知识。第 6 章和第 7 章主要介绍 GNSS 测量方法，其中，第 6 章着重介绍静态测量中的测量技术设计、数据采集、测量数据处理，第 7 章着重介绍 RTK 技术。第 8 章主要介绍 GNSS 在各领域的应用。

本书可作为普通高等院校测绘地理信息类相关专业的教材，也可作为其他相关专业师生和工程技术人员的学习参考书。

图书在版编目（CIP）数据

GNSS 原理及应用/李娜，任利敏主编 . —北京：北京理工大学出版社，2020. 10
ISBN 978 - 7 - 5682 - 9129 - 3

Ⅰ. ①G…　Ⅱ. ①李…　②任…　Ⅲ. ①卫星导航 - 全球定位系统 - 高等学校 - 教材
Ⅳ. ①P228. 4

中国版本图书馆 CIP 数据核字（2020）第 192670 号

出版发行 / 北京理工大学出版社有限责任公司

社　　　址 / 北京市海淀区中关村南大街 5 号

邮　　　编 / 100081

电　　　话 / （010）68914775（总编室）
　　　　　　　（010）82562903（教材售后服务热线）
　　　　　　　（010）68948351（其他图书服务热线）

网　　　址 / http：//www. bitpress. com. cn

经　　　销 / 全国各地新华书店

印　　　刷 / 北京紫瑞利印刷有限公司

开　　　本 / 787 毫米 × 1092 毫米　1/16

印　　　张 / 12　　　　　　　　　　　　　　　　责任编辑 / 陆世立

字　　　数 / 311 千字　　　　　　　　　　　　　　文案编辑 / 赵　轩

版　　　次 / 2020 年 10 月第 1 版　2020 年 10 月第 1 次印刷　　责任校对 / 刘亚男

定　　　价 / 36. 00 元　　　　　　　　　　　　　　责任印制 / 李志强

全球导航卫星系统（Global Navigation Satellite System，GNSS）是所有在轨工作的卫星导航定位系统的总称，目前主要包括美国的 GPS、俄罗斯的 GLONASS、欧盟的 GALILEO、中国的 BDS，以及相关的增强系统。全部建成后在轨卫星数量达到 100 颗以上，其定位精度、定位速度和可靠性都将大幅提高，届时形成具有海、陆、空全方位、高精度、实时三维导航与定位能力的新一代卫星导航与定位系统。随着全球定位系统的不断改进，硬件、软件的不断完善，现已生产出能同时接受 GPS、GLONASS、GALILEO、BDS 等卫星信号的接收机，大大增加了其应用的可靠性，导致 GNSS 的应用领域不断开拓，目前已遍及国民经济各部门，并逐步深入人们的日常生活。

测绘领域是 GNSS 应用较早的行业，GNSS 以全天候、高精度、自动化、高效益等显著特点，赢得了广大测绘工作者的信赖，并成功地应用于大地测量、工程测量、航空摄影测量、运载工具导航和管制、地壳运动监测、工程变形监测、资源勘查、地球动力学等多种学科，从而给测绘领域带来了一场深刻的技术革命。

为配合本课程的教学工作，提高测绘地理信息行业从业人员的素质、知识、技能，实现培养适应社会发展需要的高水平人才的需要，根据高等教育测绘地理信息专业的专业课程基本要求，黄河交通学院测绘教研室的教师共同编写了本书，以适应普通工科院校开设 GNSS 课程教学的需要，也可供有关工程技术人员学习参考。

本书本着"培养应用型本科人才"的教学理念，突出"工学结合"，重在论述 GNSS 的基本原理和基本方法，着重介绍其应用，省略了各种数学模型的推演过程，力求满足概念清晰、通俗易懂、适应面广、应用性强的教学要求。第 1 章为绪论部分，简单介绍 GNSS 的发展和基本概念；第 2 章介绍坐标系统等卫星导航定位基础；第 3 章和第 4 章讲述卫星的运动、卫星的星历、卫星信号以及导航电文等原理性的基本知识，并介绍 GNSS 接收机的选型与操作；第 5 章详细介绍 GNSS 卫星定位基本原理；第 6 章介绍 GNSS 静态测量中的测量技术设计、GNSS 数据采集、GNSS 测量数据处理等典型的 GNSS 静态测量程序；第 7 章介绍了 RTK 技术；第 8 章介绍 GNSS 在各领域的应用。通过本课程的学习，学生既能掌握 GNSS 测量的基本理论与方法，又能使用 GNSS 技术进行工程控制网的建立与地理空间数据的采集工作。

本书由黄河交通学院李娜、任利敏担任主编，由马志伟、王俊锋、马高峰、付克璐担任副主编。具体编写分工如下：任利敏编写第一章、第四章、第八章，付克璐编写第二章，马高峰编写第三章，马志伟编写第五章，王俊锋编写第六章，李娜编写第七章。全书由李娜、任利敏协调统稿，由刘绍堂、胡世雄主审。

本书在编写过程中，虽经推敲核证，但由于编者水平有限，难免有疏漏或不妥之处，恳请读者批评指正。

编　者

目　录

第 1 章

绪论

★ 学习目标

1. 理解 GNSS 的概念;
2. 掌握 GNSS 的组成部分、功能;
3. 了解 GNSS 的发展趋势。

★ 本章概述

GNSS 的全称是全球导航卫星系统（Global Navigation Satellite System），泛指所有的卫星导航定位系统。目前，正在进行和计划实施的全球导航卫星系统（GNSS）有 4 个，即美国的全球定位系统（GPS）、俄罗斯的全球卫星导航系统（GLONASS）、欧盟的伽利略卫星导航系统（GALI-LEO）和中国的北斗卫星导航系统（BDS）。国际 GNSS 系统是一个多系统、多层面、多模式的复杂组合系统。

1.1 卫星导航定位系统的发展

1.1.1 早期的卫星定位系统

卫星定位技术是指人类利用人造地球卫星确定测站点位置的技术。最初，人造地球卫星仅仅作为一种空间观测目标，由地面观测站对卫星的瞬间位置进行摄影测量，测定测站点至卫星的方向，建立卫星三角网。同时，可利用激光技术测定观测站至卫星的距离，建立卫星测距网，用上述两种观测方法，均可以实现大陆同海岛的联测定位，解决了常规大地测量难以实现的远距离联测定位问题。1966—1972 年，美国国家大地测量局在英国和联邦德国测绘部门的协作下，用上述方法测设了一个具有 45 个测站点的全球三角网，获得了 ±5 m 的点位精度。然而，这种观测和成果换算需要耗费大量的时间，同时定位精度较低，并且不能得到点位的地心坐标。因此，这种卫星测量方法很快就被卫星多普勒定位技术取代，这种取代使卫星定位技术从仅仅把卫星作为空间测量目标的初级阶段，发展成把卫星作为空间动态已知点来观测的高级阶段。

1.1.2 子午卫星导航系统

20 世纪 50 年代末期，美国开始研制用多普勒卫星定位技术进行测速、定位的卫星导航系统——子午卫星导航系统（NNSS）。子午卫星导航系统的问世开创了海空导航的新时代，揭开了卫星大地测量学的新篇章。20 世纪 70 年代，部分导航电文解密交付民用。自此，卫星多普勒定位技术迅速兴起。多普勒定位具有经济快速、精度均匀、不受天气和时间的限制等优点。只要在测点上能收到从子午卫星上发来的无线电信号，便可在地球表面的任何地方进行单点定位或联测定位，获得测站点的三维地心坐标。20 世纪 70 年代中期，我国开始引进多普勒接收机，进行了西沙群岛的大地测量基准联测。国家测绘局和总参测绘局联合测设了全国卫星多普勒大地网，石油和地质勘探部门也在西北地区测设了卫星多普勒定位网。

在美国子午卫星导航系统建立的同时，苏联也于 1965 年开始建立了一个卫星导航系统，叫作 CICADA。该系统有 12 颗宇宙卫星。

NNSS 和 CICADA 卫星导航系统虽然将导航和定位推向一个新的发展阶段，但是它们仍然存在着一些明显的缺陷，比如卫星少，不能实时定位。子午卫星导航系统采用 6 颗卫星，并都通过地球的南北极运行。地面点上空子午卫星通过的间隔时间较长，而且低纬度地区每天的卫星通过次数远低于高纬度地区。而对于同一地点两次子午卫星通过的间隔时间为 0.8 ~ 1.6 h，对于同一子午卫星，每天通过次数最多为 13 次，间隔时间更长。正由于一台多普勒接收机一般需观测 15 次合格的卫星通过，才能使单点定位精度在 10 m 左右，而各个测站观测了公共的 17 次合格的卫星通过时，联测定位的精度才能达到 0.5 m 左右，间隔时间和观测时间长，不能为用户提供实时定位和导航服务，而精度较低限制了它的应用领域。子午卫星轨道低（平均高度 1 070 km），难以精密定轨，以及子午卫星射电频率低（400 MHz 和 150 MHz），难以补偿电离层效应的影响，致使卫星多普勒定位精度局限在米级水平（精度极限 0.5 ~ 1 m）。

1.1.3 全球导航卫星系统

美国为了满足其对连续实时导航的迫切要求，1973 年，美国国防部开始组织海陆空三军，共同研究建立新一代卫星导航系统的计划。这就是目前所称的“全球定位系统”（Global Position System，GPS）。

1982 年 10 月开始，苏联在全面总结 CICADA 卫星的不足及吸取美国 GPS 成功经验的基础上，研制了其第二代全球卫星导航系统——GLONASS。

20 世纪 90 年代中期开始，欧盟为了打破美国在卫星定位、导航、授时市场中的垄断地位，分享巨大的市场利益，增加欧洲人的就业机会，一直致力于建设一个雄心勃勃的民用全球导航卫星系统计划，称为 Global Navigation Satellite System。该计划分两步实施：第一步是建立一个综合利用美国的 GPS 系统和俄罗斯的 GLONASS 系统的第一代全球导航卫星系统（当时称为 GNSS - 1，即后来建成的 EGNOS）。第二步是建立一个完全独立于美国的 GPS 系统和俄罗斯的 GLONASS 系统之外的第二代全球导航卫星系统，即伽利略卫星导航系统（GALILEO）。

我国为了满足国民经济和国防建设的需要，根据我国国情，陈芳允院士于 1983 年提出了建设自己的双静止卫星导航定位系统的设想。经过十几年的论证与研制，我国于 2000 年 10 月和 12 月相继成功发射了两颗“北斗”导航定位卫星，并于 2003 年 5 月发射了第三颗“北斗”导航备份卫星，标志着我国已拥有了自主完善的第一代卫星导航定位系统，该系统就是一个有源导航定位与通信系统。截至 2020 年 6 月 23 日，北斗卫星导航系统（BDS）星座部署工作已全面完成。已建成的 BDS 空间段由 5 颗静止轨道卫星和 30 颗非静止轨道卫星组成，提供两种服务方式，即开放服务和授权服务：开放服务是在服务区免费提供定位、测速和授时服务，定位精度为 10 m，授时精度为 20 ns，测速精度为 0.2 m/s；授权服务是向授权用户提供更安全的定位、测速、授时和通信服务以及系统完好性信息。

1.2 GNSS 的系统

当前，GNSS 主要有美国的全球定位系统（GPS）、俄罗斯的全球卫星导航系统（GLO-NASS）、欧盟的伽利略卫星导航系统（GALILEO）和中国的北斗卫星导航系统（BDS）。系统的主要构成包括空间星座部分、地面测控部分及用户部分。以下分别对这些导航系统的发展、组成及工作机制进行介绍。

1.2.1 GPS

GPS 由三大部分组成：空间部分（GPS 卫星星座）、地面控制部分（地面监控系统）和用户设备部分（GPS 信号接收机），如图 1-1 所示。

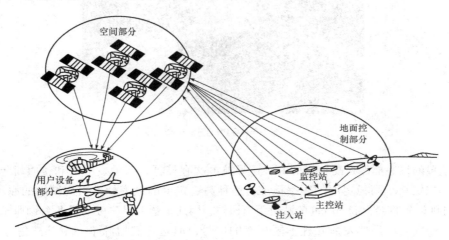

图 1-1　GPS 构成示意图

1.2.1.1 GPS 卫星星座

全球定位系统的卫星星座由 21 颗工作卫星和 3 颗在轨备用卫星组成，记作（21 + 3）GPS 星座。24 颗卫星均匀分布在 6 个轨道面内，轨道倾角为 55°，卫星轨道的平均高度为 20 200 km，卫星运行周期为 11 h 58 min（恒星时 12 h），载波频率为 1 575.42 MHz 和 1 227.60 MHz。卫星通过天顶时，卫星可见时间为 5 h，在地球表面上任何地点任何时刻，在高度角 15°以上，平均可同时观测到 6 颗卫星，最多可达 9 颗卫星。GPS 卫星在空间的分布情况如图 1-2 所示。

在使用 GPS 信号导航定位时，为了解算测站的

图 1-2　GPS 卫星星座

三维坐标，必须观测 4 颗 GPS 卫星，称为定位星座。这 4 颗卫星在观测过程中的几何位置分布对定位精度有一定的影响。

迄今，GPS 卫星已经设计了三代，分别为 Block Ⅰ、Block Ⅱ、Block Ⅲ。第一代（Block Ⅰ）卫星用于全球定位系统的实验，通常称为 GPS 实验卫星，这一代卫星共发射了 11 颗，设计寿命为 5 年，现已全部停止工作。第二代（Block Ⅱ、Block Ⅱ A）用于组成 GPS 工作卫星星座，通常称为 GPS 工作卫星。第二代卫星共研制了 28 颗，设计寿命为 5 年，从 1989 年年初开始，到 1994 年年初已发射完毕。第三代（Block Ⅲ、Block Ⅱ R）卫星的设计与发射工作正在进行中，以取代第二代卫星，进一步改善和提高全球定位系统的性能。

GPS 卫星的主体呈柱形，直径约为 1.5 m，质量约为 774 kg，两侧设有两对双时太阳板，能自动对日定向，以保证对卫星正常供电，如图 1-3 所示。

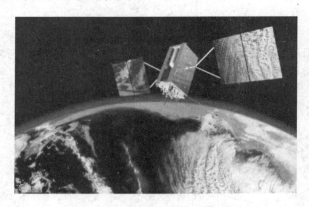

图 1-3　GPS 工作卫星

GPS 卫星的核心部件是高精度的时钟、导航电文存储器、双频发射器和接收机等。而 GPS 定位成功的关键在于高稳定度的频率标准，这种高稳定度的频率标准由高精度的原子钟提供。10^{-9} s 的时钟误差将会引起 30 cm 的站星距离误差，因此每颗卫星一般安设两台铷原子钟和两台铯原子钟。GPS 卫星虽然发射几种不同频率的信号，但是它们均源于一个基准信号（频率为 10.23 GHz），所以仅需启用一台原子钟，其他原子钟作为备用。

在 GPS 中，GPS 卫星的作用如下：

一是用 L 波段的两个无线波段（波长为 19 cm 和 24 cm）向用户连续不断地发送导航定位信号，用于粗略定位及捕获 P 码信号的伪随机码信号叫作 C/A 码，用于精密定位的伪随机码信号叫 P 码。

二是在卫星飞越注入站上空时，接受由地面注入站用 S 波段（波长为 10 cm）发送给卫星的导航电文和其他信息，并通过 GPS 信号电路，实时地将其发送给广大用户。

三是通过星载的高精度的原子钟提供精密的时间标准。

四是接收地面主控站通过注入站发送到卫星的调度指令，实时地改正运行偏差或启用备用时钟等。

1.2.1.2　地面监控系统

对于导航定位来说，GPS 卫星是一动态已知点，卫星的位置是依据卫星发射的星历（描述卫星运动及其轨道的参数）算得的。每颗 GPS 卫星所播发的星历，是由地面监控系统提供的。卫星上的各种设备是否正常工作，以及卫星是否一直沿着预定轨道运行都要由地面设备进行监测和控制。地面监控系统另一重要作用是保持各颗卫星处于同一时间标准——GPS 时间系统。这就需要地面站监测各颗卫星的时间，求出钟差，然后由地面注入站发给卫星，再由导航电文发给用户设备。

GPS 工作卫星的地面监控系统包括 1 个主控站、5 个监测站和 3 个注入站，其分布如图 1-4 所示。

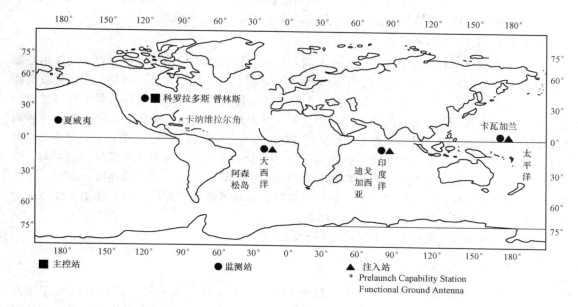

图 1-4 GPS 卫星监控站的分布

1. 主控站

主控站只有 1 个，设在美国本土的科罗拉多斯普林斯（Colorado Springs）。主控站是全球定位系统的行政指挥中心，其主要任务如下：

一是协调管理地面监控系统的全部工作。

二是根据本站和其他监测站的所有观测资料，推算编制各卫星的星历、卫星钟差和大气层的修正参数等，并把这些数据传送到注入站。

三是提供全球定位系统的时间基准。各监测站和 GPS 卫星的原子钟，均应与主控站的原子钟同步，或测出其间的钟差，并把这些信息编入导航电文，送到注入站。

四是调整偏离轨道的卫星，使之沿预定的轨道运行。

五是启用备用卫星以替代失效的工作卫星。

2. 注入站

注入站现有 3 个，分别设在印度洋的迪戈加西亚（Diego Carcia）、南大西洋的阿森松岛（Ascension Island）和南太平洋的卡瓦加兰（Kwajalein）。

注入站的主要设备包括一台直径为 3.6 m 的天线、一台 C 波段发射机和一台计算机。其主要任务是在主控站的控制下，将主控站推算和编制的卫星星历、钟差、导航电文和其他控制指令等，注入相应卫星的存储系统，并监测注入信息的正确性。整个 GPS 的地面监控部分，除主控站外均无人值守。各站间用现代化的通信网络联系起来，在原子钟和计算机的驱动和精确控制下，各项工作实现了高度的自动化和标准化。

3. 监测站

现有的 5 个地面站均具有监测站的功能。

监测站是在主控站的直接控制下的数据自动采集中心。站内设有双频 GPS 接收机、高精度原子钟、计算机、环境数据传感器。接收机对 GPS 卫星进行不间断观测,以采集数据和监测卫星的工作状况。原子钟提供时间标准,而环境传感器收集有关当地的气象数据。所有观测资料由计算机进行初步处理,并存储和传送到主控站,并用于确定卫星的轨道。

1.2.1.3 GPS 接收机

用户设备部分由 GPS 接收机、GPS 数据的后处理软件及相应的用户设备组成。其作用是接收、跟踪、变换和测量 GPS 卫星所发射的 GPS 信号,以达到导航和定位的目的。GPS 接收机硬件,一般包括主机、天线、控制器和电源,主要功能是接收 GPS 卫星发射的信号,能够捕获到按一定卫星高度截止角所选择的待测卫星的信号,并跟踪这些卫星的运行,获得必要的导航和定位信息及观测量。用户设备一般为计算机及其终端设备、气象仪器等,主要功能是对所接收到的 GPS 信号进行变换、放大和处理,以便测量出 GPS 信号从卫星到接收机天线的传播时间,解译出 GPS 卫星所发送的导航电文,实时地计算出测站的三维位置,甚至三维速度和时间,并经简单数据处理而实现实时导航和定位。数据处理软件是指各种后处理软件包,其主要作用是对观测数据进行精加工,以便获得精密定位结果。

以上这三部分共同组成了一个完整的 GPS 系统。

1.2.2 GLONASS

GLONASS 的起步晚于 GPS 9 年。从苏联于 1982 年 10 月 12 日发射第一颗 GLONASS 卫星开始,到苏联解体,由俄罗斯接替部署,始终没有终止或中断 GLONASS 卫星的发射。1995 年年初只有 16 颗 GLONASS 卫星在轨工作,1995 年进行了三次成功发射,将 9 颗卫星送入轨道,完成了 24 颗工作卫星加 1 颗备用卫星的布局。经过数据加载、调整和检验,于 1996 年 1 月 18 日,整个系统正常运行。GLONASS 在系统组成和工作原理上与 GPS 类似,也是由空间卫星星座、地面控制和用户设备三大部分组成。

1.2.2.1 卫星星座

GLONASS 卫星星座的轨道为 3 个等间隔椭圆轨道,轨道面间的夹角为 120°,轨道倾角为 64.8°,轨道的偏心率为 0.01。每个轨道上等间隔地分布 8 颗卫星。卫星离地面高度为 19 100 km,绕地运行周期约为 11 h 15 min 44 s,地迹重复周期为 8 天,轨道同步周期为 17 圈。由于 GLO-NASS 卫星的轨道倾角大于 CPS 卫星的轨道倾角,所以在高纬度(50°以上)地区的可视性较好。

每颗 GLONASS 卫星上都装有铯原子钟,以产生卫星上高稳定时标,并向所有星载设备的处理提供同步信号。星载计算机将从地面控制站接收到的专用信息进行处理,生成导航电文向用户广播。

1.2.2.2 地面控制系统

地面控制站组(GCS)包括一个系统控制中心(在莫斯科区的 Golisyno - 2)、一个指令跟踪站(CTS),网络分布于俄罗斯境内。CTS 跟踪着 GLONASS 可视卫星,它遥测所有卫星,进行测距数据的采集和处理,并向各卫星发送控制指令和导航信息。在 GCS 内有激光测距设备对测距数据做周期修正,为此,所有 GLONASS 卫星上都装有激光反射镜。

1.2.2.3　用户设备

GLONASS 接收机接收 GLONASS 卫星信号并测量其伪距和速度，同时从卫星信号中选出并处理导航电文。接收机中的计算机对所有输入数据处理，并算出位置坐标的 3 个分量、速度矢量的 3 个分量和时间。GLONASS 建设进展较快，运行正常，但生产用户设备的厂家较少，生产的接收机多为专用型。美国的 3S 公司研制了 GLONASS 接收机以及 CPS/GLONASS 联合接收机。GPS 与 GLONASS 联合接收机有很多优点：用户同时可接收的卫星数目增加了约 1 倍，可以明显改善观测卫星的几何分布，提高定位精度（单点定位精度可达 16 m）；由此可见，卫星数目增加，在一些遮挡物较多的城市、森林等地区进行测量定位和建立运动目标的监控管理比较容易开展；利用两个独立的卫星定位系统进行导航和定位测量，可有效地削弱美、俄两国对各自定位系统的控制，提高定位的可靠性和安全性。

1.2.3　GALILEO

GALILEO（伽利略卫星导航系统）是欧盟一个正在建造中的卫星定位系统，有"欧洲版 GPS"之称，也是继美国现有的 GPS 及俄罗斯的 GLONASS 之后，又一个可供民用的定位系统。伽利略卫星导航系统的基本服务有导航、定位、授时；特殊服务有搜索与救援；扩展应用服务系统有在飞机导航和着陆系统中的应用、铁路安全运行调度、海上运输系统、陆地车队运输调度、精准农业。

1.2.3.1　伽利略计划

目前，世界上已有两大全球导航卫星系统在运行：一是美国的 GPS；二是俄罗斯的 GLO-NASS。这两个系统分别受到了美、俄两国军方的严密控制，其信号的可靠性无法得到保证。长期以来，别国只能在美、俄的授权下从事接收机制造、导航服务等从属性工作。在科索沃战争时，欧洲完全依赖美国的全球定位系统。当这个系统出于军事目的停止运作时，别国一些企业的许多事务被迫中断。为了能在卫星导航领域占有一席之地，欧盟认识到建立拥有自主知识产权的卫星导航系统的重要性和战略意义。同时，在欧洲一体化进程中，还会全面加强诸成员国间的联系与合作。在这种背景下，欧盟决定启动伽利略计划：建设一个军民两用、与现有系统相兼容的，高精度、全开放的全球导航卫星系统。

伽利略计划分四个阶段：论证阶段（1994—2001 年）、系统研制和在轨确认阶级（2001—2005 年）、星座布设阶段（2006—2007 年）和运营阶段（2008 年至今）。目前，该计划没有按时实施，已延期。

从 1994 年开始，欧盟进行了对伽利略计划的方案论证。2000 年在世界无线电大会上获得了建立伽利略卫星导航系统的 L 频段的频率资源。2002 年 3 月 24 日，欧盟 15 国交通部长会议冲破美国政府的再三干扰，一致批准了伽利略计划实施，准备投资 36 亿欧元正式启动伽利略计划。第一颗试验卫星已于 2005 年 12 月 28 日成功发射。中国政府曾投入 2 亿欧元全面参与伽利略卫星导航系统的建设，开展了约 14 个有关项目的研发、测试合作，2004 年 1 月 10 日在长江上进行了 EGNOS 欧洲静地卫星导航重叠系统的动态应用测试。

1.2.3.2　伽利略系统

GALILEO 由 30 颗卫星（27 颗工作 +3 颗备用）组成。30 颗卫星分布在 3 个中高度圆轨道面上，轨道高度为 23 616 km，轨道倾角为 56°，星座对地面覆盖良好。每颗卫星除了搭载导航设备外，还增加了一台救援收发器，可以接收来自遇险用户的求救信号，并将该信号转发给地面救援协调中心，后者组织和调度对遇险用户的救援行动。同时，卫星向待援用户通报救援安排，以便遇险用户等待并配合救援。

地面控制设施包括卫星控制（用于卫星轨道改正的遥感和遥测）中心和提供各项服务所必需的地面设施。

种类齐全的 GALILEO 接收机不仅可以接收本系统信号，还可以接收 GPS、GLONASS 信号，并且实现导航功能、移动通信功能相结合，与其他飞行导航系统结合。即任何人只要装备了 GALILEO 接收机就能接收到 GPS、GLONASS、GALILEO 全球导航卫星系统的信号，享受到 3 个系统的服务。其服务方式有公开服务、商业服务和政府服务 3 个方面。公开服务将与商业和生命安全服务共享两个开放的导航信号。公开服务主要用于道路交通中的个人导航、道路信息和提供路线建议的系统、移动通信的应用领域。商业服务将主要涉及专业用户，如测绘、海关、船舶和车辆管理以及关税征收等领域。商业服务将提供在独立频率上的第三种导航信号的接收服务，并使用户能利用三载波相位模糊分辨力技术（TCAR）来改善精度。政府服务的对象是那些对于精度、信号质量和信号传输的可靠性要求极高的用户，即生命安全服务、搜救服务和政府管理服务领域的用户。

1.2.4 BDS

BDS（BeiDou Navigation Satellite System，北斗卫星导航系统）是中国自主建设、独立运行，并与世界其他卫星导航定位系统兼容共用的全球导航卫星系统，包括北斗一号、北斗二号和北斗三号三代导航系统。其中，北斗一号用于中国及其周边地区的区域导航系统，北斗二号是类似美国 GPS 的全球卫星导航系统，可在全球范围内全天候、全天时为各类用户提供高精度、高可靠的定位、导航、授时服务，并兼具短报文通信能力。该系统主要服务于国民经济建设，旨在为中国的交通运输、气象、石油、海洋、森林防火、灾害预报、通信、公安以及国家安全等诸多领域提供高效的导航定位服务。与美国的 GPS、俄罗斯的 GLONASS、欧盟的 GALILEO 并称为全球四大卫星导航定位系统。2011 年 12 月 27 日，北斗卫星导航系统开始试运行。2020 年，北斗卫星导航系统形成全球覆盖能力。

1.2.4.1 北斗一号卫星导航系统

卫星导航系统涉及政治、经济、军事等众多领域，对维护国家利益有重大战略意义。我国自 2000 年以来，已经发射了 4 颗北斗导航试验卫星，组成了具有完全自主知识产权的第一代北斗导航定位卫星试验系统——北斗一号。该系统是全天候、全天时提供卫星导航信息的区域导航系统。该系统建成后，主要为公路交通、铁路运输、海上作业等领域提供导航定位服务，对我国国民经济和国防建设起到有力的推动作用。第一代北斗一号卫星导航系统由 3 颗地球静止轨道卫星组成，其中两颗工作，一颗在轨备用。北斗一号卫星导航系统有以下三大功能：

1. 快速定位

北斗一号卫星导航系统可为服务区域内用户提供全天候、高精度、快速实施定位服务。根据不同的精度要求，利用授时终端，完成与北斗卫星导航系统之间的时间和频率同步，可提供数十纳秒级的时间同步精度。

2. 简短通信

北斗一号卫星导航系统用户终端具有双向短报文通信能力，可以一次传送超过 100 个汉字的信息。

3. 精密授时

北斗一号卫星导航系统具有单向和双向两种授时功能。

1. 2. 4. 2　北斗二号卫星导航系统

为了满足我国国民经济和国防建设的发展要求，我国在 2007 年年初发射了两颗北斗静止轨道导航卫星，2008 年左右满足中国及周边地区用户的卫星导航的需求，并进行组网试验。初步建设成由 5 颗静止轨道卫星、30 颗非静止轨道卫星组成的卫星导航定位系统，并逐步扩展为全球卫星导航定位系统（北斗二号）。北斗二号卫星导航系统由空间段、地面段和用户段三部分组成。

1. 空间段

空间段包括 5 颗静止轨道卫星和 30 颗非静止轨道卫星。地球静止轨道卫星分别位于东经 58. 75°、80°、110. 5°、140°和 160°。非静止轨道卫星由 27 颗中圆轨道卫星和 3 颗同步轨道卫星组成。

2. 地面段

地面段包括主控站、卫星导航注入站和监测站等若干个地面站。主控站的主要任务是收集各个监测站段的观测数据，进行数据处理，生成卫星导航电文和差分完好性信息，完成任务规划与调度，实现系统运行管理与控制等。注入站的主要任务是在主控站的统一调度下，完成卫星导航电文、差分完好性信息注入和有效荷载段控制管理。监测站接收导航卫星信号，发送给主控站，实现对卫星段跟踪、监测，为卫星轨道确定和时间同步提供观测资料。

3. 用户段

用户段包括北斗系统用户终端以及与其他卫星导航系统兼容的终端。系统采用卫星无线电测定（RDSS）与卫星无线电导航（RNSS）集成体制，既能像 GPS、GLONASS、GALILEO 一样，为用户提供卫星无线电导航服务，又具有位置报告以及短报文通信能力。按照用户的应用环境和功能，北斗用户终端机可分为以下几种类型：

（1）基本型：适用于一般车辆、船舶及便携等用户的导航定位应用，可接收和发送定位及通信信息，与中心站及其他用户终端机双向通信。

（2）通信型：适用于野外作业、水文预报、环境监测等各类数据采集和数据传输用户，可接收和发送短信息、报文，与中心站及其他用户终端机双向或单向通信。

（3）授时型：适用于授时、校时、时间同步等用户，可提供数十纳秒级的时间同步精度。

（4）指挥型：适用于小型指挥中心的调度指挥、监控管理等用户，具有鉴别、指挥其下属其他北斗用户终端机的功能。可与下属用户机及中心站进行通信，接收下属用户报文，并向下属用户发送指令。

（5）多模型用户型：既能利用北斗系统导航定位或通信信息，又可以利用 GPS 或 GPS 增强系统的卫星信号导航定位，适用于对位置信息要求比较高的用户。

1. 2. 4. 3　北斗三号卫星导航系统

北斗三号卫星导航系统由 24 颗中圆地球轨道、3 颗地球静止轨道和 3 颗倾斜地球同步轨道共 30 颗卫星组成，提供两种服务方式，即开放服务和授权服务。开放服务是在服务区中免费提供定位、测速和授时服务，定位精度为 10 m，授时精度为 50 ns，测速精度为 0. 2 m/s。授权服务是向授权用户提供更安全的定位、测速、授时和通信服务以及系统完好性信息。

2018 年 11 月 19 日 2 时 7 分，我国在西昌卫星发射中心用长征三号乙运载火箭，以"一箭双星"方式成功发射第 42、43 颗北斗导航卫星。至此，我国北斗三号全球组网基本系统空间星座部署任务圆满完成，标志着中国北斗从区域走向全球迈出了"关键一步"。2018 年 12 月 27 日，北斗三号基本系统已完成建设，开始提供全球服务。

2019 年 12 月 16 日，北斗三号面向全球导航服务的最后一组 MEO 卫星——第 52、53 颗北斗导航卫星终于落子于北斗"大棋盘"的中圆地球轨道。至此，北斗三号在该轨道上规划的 24 颗卫星已全部到位，标志着全球系统核心星座部署完成，将为全球用户提供性能优异的导航服务，以及全球短报文通信、国际搜救等特色服务。

北斗三号卫星导航系统的建设目标是为中国及周边地区的军民用户提供陆、海、空导航定位服务，促进卫星定位、导航、授时服务功能的应用，为航天用户提供定位和轨道测定手段，满足武器制导的需要，满足导航定位信息交换的需要。

1.3　GNSS 在国民经济建设中的应用

1.3.1　GNSS 的特点

以 GPS 为例，相对于经典的测量技术来说，GPS 定位技术主要有以下特点。

1.3.1.1　观测站之间无须通视

既要保持良好的通视条件，又要保障测量控制网的良好结构，这一直是经典测量技术在实践方面的难题之一。而 GPS 测量不需要观测站之间互相通视，点位位置根据需要，可稀可密，使选点工作很灵活，也可省去经典大地网中的过渡点的测量工作。同时，不再需要建造觇标，这一优点可大大减少测量工作的经费和时间（一般造标费用占总经费的 30% ~ 50%），也使点位选择变得更加灵活，经济效益不断提高。然而，也应指出，GPS 测量虽不要求观测站之间相互通视，但必须保持观测站的上空开阔（净空），以便使接收的 GPS 卫星信号不受干扰。

1.3.1.2　定位精度高

大量实战表明，目前在小于 50 km 的基线上，GPS 定位技术的相对定位精度可达 $1 \times 10^{-6} \sim 2 \times 10^{-5}$，而在 $100 \sim 500$ km 的基线上可达 $10^{-7} \sim 10^{-6}$，随着观测技术与数据处理软件及方法的不断改善，其定位精度还将进一步提高。在大于 1 000 km 的距离上，相对定位精度达到或优于 10^{-8}。

1.3.1.3　观测时间短

目前，利用经典的静态定位方法，测量一条基线的相对定位所需要的观测时间，根据要求精度的不同，一般为 $1 \sim 3$ h。为了进一步缩短观测时间，提高作业速度，利用短基线（不超过 20 km）快速相对定位法，其观测时间仅需数分钟。

1.3.1.4　提供三维坐标

GPS 测量在精确测定观测站平面位置的同时，也可精确测定观测站的大地高程。GPS 测量的这一特点，不仅为研究大地水准面的形状和确定地面点的高程开辟了新途径，还为其在航空物探、航空摄影测量及精密导航中的应用，提供了重要的高程数据。

1.3.1.5　操作简便

减少野外的作业时间及强度，是测绘工作者探索的重大课题之一。而 GPS 测量的自动化程度较高，在观测中测量员的主要任务只是安装并开关仪器、量取仪器高程、监视仪器的工作状态和采集环境的气象数据，而其他观测工作，如卫星的捕获、跟踪观测和记录等均由仪器自动完成。另外，GPS 接收机一般自重较小、体积较小，携带和搬运都很方便，从而极大地减少了外业劳动强度。

1.3.1.6　全天候作业

GPS 测量工作可以在任何地点、任何时间连续地进行，一般不受天气状况的影响。因此，

GPS 定位技术的发展是对经典测量技术的一次重大突破。一方面，它使经典的测量理论与方法产生了深刻的变革；另一方面，也进一步加强了测量学与其他学科之间的相互渗透，从而促进了测绘科学技术的不断发展。

1.3.2 GNSS 的功能

GNSS 最初的建设目的是满足军事上的需要，但是随着后来民用市场的快速发展及其带来的经济效益，GNSS 越来越多地应用于民用市场。例如，应用最广泛的美国 GPS 能够进行飞行器的定位、电力网的授时、灾害监测、交通导航、抢险救灾等。具体来说，GNSS 系统主要有以下几个方面的功能。

1.3.2.1 测量

GNSS 卫星系统能够进行厘米级甚至毫米级精度的静态相对定位，米级甚至亚米级精度的动态定位，可以为测量人员提供精确的三维定位，为用户快速提供三维坐标。下面从公路选线放样方面来介绍。

（1）高等级公路选线。高等级公路选线多在大比例（1∶1 000 或 1∶2 000）带状地形图上进行。用传统方法测图，先要建立控制点，然后进行碎部测量，绘制成大比例尺地形图。这种方法工作量大，速度慢，花费时间长。用实时 GNSS 动态测量可以完全克服这个缺点，只需在沿线每个碎部点上停留一两分钟，即可获得每个点的坐标、高程。结合输入的点特征编码及属性信息，构成带状所有碎部点的数据，在室内即可用绘图软件成图。由于只需要采集碎部点的坐标和输入其属性信息，而且采集速度快，因此大大降低了测绘难度，既省时又省力，非常实用。

（2）道路中线放样。设计人员在大比例尺带状地形图上定线后，需将公路中线在地面上标定出来。采用实时 GNSS 测量，只需将中桩点坐标输入 GNSS 电子手簿，系统软件就会自动定出放样点的点位。由于每个点测量都是独立完成的，不会产生累计误差，各点放样精度趋于一致。

（3）道路的横、纵断面放样和土石方量计算。纵断面放样时，先把需要放样的数据输入电子手簿，生成一个施工测设放样点文件并储存起来，随时可以到现场放样测设。横断面放样时，先确定出横断面形式（填挖、半填半挖），然后把横断面设计数据输入电子手簿（如边坡坡度、路肩宽度、路幅宽度、超高、加宽、设计高），生成一个施工测设放样点文件，储存起来，并随时可以到现场放样测设。同时，软件可以自动与地面线衔接进行"戴帽"工作，并利用"断面法"进行土方量计算。通过绘图软件，可绘制出沿线的纵断面和各点的横断面图。因为所用数据都是测绘地形图时采集而来的，不需要到现场进行纵横断面测量，大大减少了外业工作。必要时，可用动态 GNSS 到现场检测复核。这与传统方法相比，既经济又实用。

1.3.2.2 授时

时间信号的准确与否，直接关系到人们的日常生活、工业生产和社会发展。人们对时间精度的要求越来越高。天文测时所依赖的是地球自转，而地球自转的不均匀性使得天文方法所得到的时间（世界时）精度只能达到 10^{-9} s，而"原子钟"精度可达 10^{-12} s，因此，"原子钟"广泛运用到精密测量和日常生活、生产领域。GNSS 接收机授时系统是利用接收机接收卫星上的"原子钟"时间信号，然后把数据传输给单片机进行处理并显示出时间，由此可制作出 GNSS 精密时钟。精密时间是科学研究、科学实验和工程技术诸方面的基本物理参量。它为一切动力学系统和时序过程的测量和定量研究提供必不可少的实时基元坐标。精密授时在通信、电力、控制等工业领域和国防领域有着广泛和重要的应用。现代武器实（试）验、战争需要它的保障，智能化交通运输系统的建立和数字化地球的实现需要它的支持。现代通信网和电力网建设也增强了对精密时间和频率的依赖。

1.3.2.3　导航

GNSS 能实时计算出接收机所在位置的三维坐标，当接收机处于运动状态时，每时每刻都能定位出接收机的位置，从而实现导航。导航系统的应用十分广泛，如飞机、轮船、汽车、导弹等。又如 1999 年，科索沃战争爆发，又发生了震惊世界的北约对南斯拉夫联盟（南联盟）轰炸行动。在那次行动中，北约对南联盟实施了几乎使南斯拉夫彻底瘫痪的轰炸，包括学校在内的多处目标遭受了毁灭性打击。GPS 的导航定位系统为北约的行动提供了便利，装备了相应制导系统的导弹在 GPS 卫星的引导下，对目标设施的打击精度在以往的基础上提高了不少。至此，全世界都了解了全球导航定位系统在军事行动中对于导弹作战的非凡意义。

1.3.3　GNSS 的发展前景

测绘是一个获取处理提供地球重力场信息和地球表层地理、环境及人文信息的产业，是国民经济和社会发展的一个不可缺少的基础性、先行性的社会公益性行业。测绘地理信息的基本功能在于及时、准确、可靠地保障国家管理、经济建设、国防建设、科学研究、文化教育和人民生活等方面对测绘信息产品和技术的需求。

1.3.3.1　GNSS 兼容与互用技术首当其冲

GNSS 已被人们普遍接受，实际上它不是一个完整的有机系统，而是多个系统的简单组合或者说是拼凑。面对这样的现实，有许多问题要思考：首先要清楚地了解并研究 GPS、GLONASS、GALILEO 和 BDS 四大全球卫星导航定位系统的本初计划、现状、类同性和差异性；其次要探讨四大全球卫星导航定位系统的兼容和互用，如何从最优化角度，通过最佳化选择来充分利用和发挥其作用；最后应从我国的 BDS 实际出发，审时度势地找到其在 GNSS 中的正确定位，合理地配置资源，并采取积极开放的政策，寻求国际合作，建设一个理想的、多国的、民用的 GNSS，实现将来的可持续发展。这样的思路是一种理想追求、一种有益探索、一种概念创新，是对 GNSS 的重新设计和再设计，而且可以进行下一代卫星导航系统的全新研究。

1.3.3.2　环境增强技术是产业发展的前提条件

GNSS 组成除了空间段、运控段和用户段外，还应包括环境段。环境段涉及大气（电离层和对流层）条件、电磁环境、多路径与植被效应，以及多种多样的应用环境与条件（地形、地貌和地物）。它们会影响系统工作、定位精度、完好性、可用性、连续性和可靠性等一系列关键指标。环境增强段的研究目标是建立并形成具有全球与中国地域特色的大气环境信息系统及支撑技术，完善 BDS 与 GNSS 的组成缺项，确保系统建设的完整全面，运营实施的可靠正常，以及应用服务的高效务实。其研究的主要内容是电波传播的大气环境效应贯穿北斗卫星导航系统组成的各部分（如系统的总体设计与误差估算，卫星的发射功率确定，测控站布设及其数据处理，用户机的误差修正与差分技术），也贯穿系统建设和运营的全过程，涉及各项关键指标，如精确度、连续性、完好性、可用性、可靠性、抗干扰性和安全性等，按照系统一体化、整体化研究和电波环境工程的思路，开展相关工作。

1.3.3.3　多种信息系统融合技术

多种信息系统融合技术和一体化集成，是 GNSS 应用服务产业最为突出的特点。卫星导航与电子地图的结合是顺理成章的事情，车辆导航仪和个人导航仪开创了地理信息系统（GIS）许多新应用、新服务。GNSS 与移动通信和因特网的相互渗透有力地保证了卫星导航产业走向规模化、大众化，使导航终端与控制中心（服务器）端的互通互联成为可能，使车队监控、物流调度、网络导航、定位游戏、移动位置服务、地图在线更新、信息增值业务等均成为可能。

1.3.3.4　室内外导航定位融合技术

室内外无缝定位的问题一定要跨越两道难关：一是将 GNSS 在野外开阔地的定位转入城市内多遮挡条件下的定位；二是解决室内定位的问题。

1. 城市的行人定位导航难题

GNSS 应用的大众化市场在初期主要集中在车辆导航应用，而更为广泛的应用前景是行人，如导航、本地搜索和社会网络化问题，其困难是市区行人的 GNSS 定位难题。城市高楼林立，多路径和遮蔽效应会严重降低 GNSS 的测距精度和测角精度。对于行人而言，通常行进速度较缓慢且更靠近建筑物，与车辆相比，同样的环境条件会造成较为严重的后果，使精度和完好性经受挑战。为此，特别针对狭窄的街道区域，创建了所谓的导航重叠算法（NAO），这是一种实现了 GNSS 测量和 GIS 数据库（描述建筑物 2D 基础形状）组合运算的算法软件，实现了行人导航终端的地图匹配功能，可减轻卫星定位计算的漂移现象，从而改进定位精度。

2. 室内定位难题

GNSS 室内定位更是一个难题。在 GNSS 室内定位的情况下，大多数卫星导航视距传播信号无法直接到达接收机天线，更多的是反射、绕射或散射信号，导致信号衰落。为此，首先应研究的是室内定位的信道模型，以表征室内环境下的信号传播特性，最有代表性的是 Saleh – Valenzela 模型。由于信号来向及信号路径的复杂性，仰角和方位角成为模型的关键参数，当然也有建筑物墙体的影响，建筑物墙体材料造成信号影响主要分为反射特性和穿透特性，需研究信号的传输模型，通过介质常数的计算探讨对绝对功率电平的影响。室内定位不仅限于 GNSS 接收机，还应考虑蜂窝网络的协助，考虑惯导组合，以及其他室内定位卫星传感器技术。

第2章

卫星导航定位基础

★学习目标

1. 理解 GNSS 测量坐标系的概念；
2. 掌握 GNSS 测量坐标系统的分类、表示及转换方法；
3. 掌握 GNSS 测量的时间系统。

★本章概述

空间和时间的参考系及卫星轨道是描述卫星运动、处理导航定位数据、表示飞行器运动状态的数学物理基础。在 GPS 定位导航中常会涉及多种坐标系。坐标系的适当选用在很大程度上取决于任务要求、完成过程的难易程度、计算机的存储量和运算速度、导航方程的复杂性等。一类常用坐标系是惯性坐标系，它是在空间固定的，与地球自转无关，对于描述各种飞行器的运动状态极为方便。严格说来，卫星及其他飞行器运动理论是根据牛顿引力定律，在惯性坐标系中建立起来的，而惯性坐标系统在空间的位置和方向应保持不变或仅做匀速直线运动。但是，实际上严格满足这一条件是困难的。在导航和制导中，惯性参考系一般都是通过观察星座近似定义的。另一类是与地球固连的坐标系，它对于描述飞行器相对于地球的定位和导航尤为方便。此外，还可能用到轨道坐标系、体轴系和游动方位系等。由于坐标轴的指向具有一定的选择性，常用"协议坐标系"是指在国际上通过协议来确定的某些全球性坐标轴指向。本章还将介绍 GPS 时间体系并引述经典的卫星轨道理论。

2.1 GNSS 测量的坐标系统

2.1.1 天球坐标系

2.1.1.1 地球的自转和公转

古希腊的费罗劳斯、海西塔斯等人早已提出过地球自转的猜想，战国时期《尸子》一书中就已有"天左舒，地右辟"的论述，而对这一自然现象的证实和它被人们接受，则是在哥白尼提出"日心说"之后。地球绕自转轴自西向东转动，从北极点上空看呈逆时针旋转，从南极点上空看呈顺时针旋转，如图 2-1 所示。地球自转轴与黄道面成 66.34°，与赤道面垂直。地球自转是地球的一种重要运动形式。自转平均角速度为 7.292×10^{-5} rad/s，在地球赤道上的自转线速度为 465 m/s。格林尼治时间所说的 1 s 是一天的 8.641 万分之一，而 1972 年制作的地球时钟所定义的 1 s 是从铯原子中放射出的光振动 91 亿 9 263 万 1 770 次所需要的时间。与铯原子振动数能维持一定速度相比，以地球的自转为准的格林尼治标准时间是发生变化的，闰秒就是为了解决这种问题而产生的一种时间概念。地球自转一周耗时 23 h 56 min，约每隔 10 年自转周期会增加或者减少千分之三至千分之四秒。

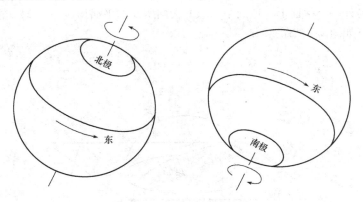

图 2-1　地球自转示意图

地球在自转时同时公转，自转一周需用 23 h 56 min 4 s，公转了约 0.986°，按地球自转速度折合 3 min 56 s，自转加上公转用的时间共 24 h。经度每隔 15°，地方时相差 1 h。

地球公转，是指地球按一定轨道围绕太阳转动。像地球的自转具有其独特规律一样，由于太阳引力场以及自转的作用而导致的地球公转，也有其自身的规律（图 2-2）。

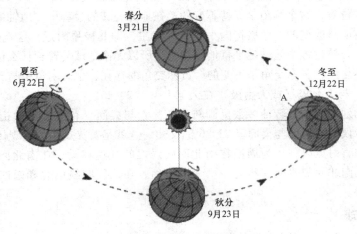

图 2-2　地球公转示意图

地球公转的时间是一年。在地球公转的过程中存在两个明显周期，分别为回归年和恒星年。回归年是指太阳连续两次通过春分点的时间间隔，即太阳中心自西向东沿黄道从春分点到春分点所经历的时间，又称为太阳年。1 回归年为 365.242 2 日，即 365 天 5 h 48 min 46 s。这是根据121 个回归年的平均值计算出来的结果。恒星年是地球公转的真正周期，在一个恒星年期间，在太阳上看，地球中心从天空中的某一点出发，环绕太阳一周，然后又回到了此点；如果从地球上看，则是太阳中心从黄道（地球公转轨道面截天球所得的圆）上的某一点（某一恒星）出发，运行周天，然后又回到了同一点（同一恒星）。在一个恒星年期间，地球公转 360° 所需时间约为 365 天 6 h 9 min 10 s。

地球在其公转轨道上的每一点都在相同的平面上，这个平面就是地球轨道面。地球轨道面在天球上表现为黄道面，同太阳周年视运动路线所在的平面在同一个平面上。地球的自转和公转是同时进行的，在天球上，自转表现为天轴和天赤道，公转表现为黄轴和黄道。天赤道在一个平面上，黄道在另外一个平面上，这两个同心的大圆所在的平面构成一个 23°26′ 的夹角，这个夹角叫作黄赤交角，如图 2-3 所示。

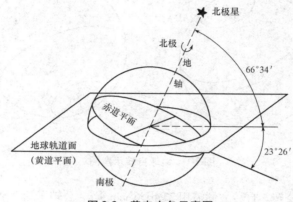

图 2-3 黄赤交角示意图

黄赤交角的存在，实际上意味着，地球在绕太阳公转过程中，自转轴对地球轨道面是倾斜的。由于地轴与天赤道平面是垂直的，地轴与地球轨道面交角应是 90° − 23°26′，即 66°34′。地球无论公转到什么位置，这个倾角是保持不变的。在地球公转的过程中，地轴的空间指向在相当长的时期内是没有明显改变的。北极指向小熊星座 α 星，即北极星附近，这就是天北极的位置。也就是说，地球在公转过程中地轴是平行地移动的，所以无论地球公转到什么位置，地轴与地球轨道面的夹角是不变的，黄赤交角是不变的。黄赤交角的存在，也表明黄极与天极的偏离，即黄北极（或黄南极）与天北极（或天南极）在天球上偏离 23°26′。

我们所见到的地球仪，自转轴多数呈倾斜状态，它与桌面（代表地球轨道面）呈 66°34′ 的倾斜角度，而地球仪的赤道面与桌面呈 23°26′ 的交角，这就是黄赤交角的直观体现。由于黄赤交角的影响，使太阳直射点以一年为周期在南北回归线之间往返移动，在南北回归线之间一年有两次太阳直射，在南北回归线上一年有一次太阳直射，在北回归线以北和南回归线以南地区一年中没有太阳直射。

2.1.1.2 天球

夜间仰观天空，总感到天空好像一个巨大的空心半球笼罩在头顶上，而且不论我们如何移动，总处于这个巨大的空心半球的球心。分布在无限广阔的宇宙中的所有天体，虽然距离我们远近各异，都好像散布在这个空心球的内表面上。在天文学中，将这一感觉上的空心球体作为研究天体直观位置和运动规律的一种辅助工具，并定义为天球。也就是说，天球是以地心为中心，以无限长为半径的想象球体（图 2-4）。所有天体投影在天球内表面上的位置，也因源于感观，称为天体的视位置。需要说明的是，天球的半径为无限长这一特性，使得地球表面不同位置点之间的距离、地球的半径，甚至地球到太阳之间的距离等有限长的量可以被视为无穷小而忽略。因此，分别以地球表面不同位置点上的测者、地心和日心为中心的天球，可以被认为是同一个天球。

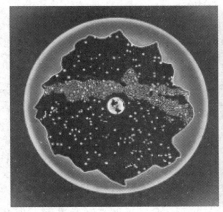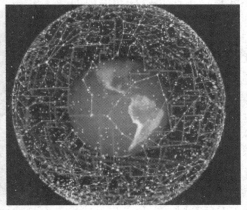

图 2-4　天球假想图与模型

天球上的基准点、线、圆，都是根据地球上的诸如地极、地轴、赤道、地平面、测者铅垂线、测者子午圈等基准点、线、圆而建立起来的，两者之间具有一一对应的投影关系（图 2-5）。

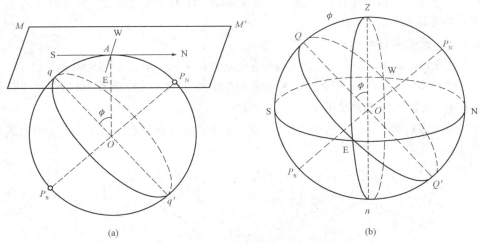

(a)　(b)

图 2-5　地球与天球基准点、线、圆

（a）地球基准点、线、圆；（b）天球基准点、线、圆

如图 2-5 所示，将地轴（$P_N P_S$）向两端无限延长，与天球球面相交所得的天球直径（$P_N P_S$）称为天轴。天轴的两个端点称为天极。其中，与地球北极相对应的天极称为北天极，符号 P_N；与地球南极相对应的天极称为南天极，符号 P_S。将地球赤道（$\overgroup{qq'}$）平面向四周无限扩展，与天球球面相截所得的大圆（$\overgroup{QEQ'W}$）称为天球赤道，通过地球质心 O 与天轴垂直的平面称为天球赤道面。天球赤道面与地球赤道面相重合。含天轴并通过地球上任一点的平面，称为天球子午面。天球子午面与天球相交的大圆称为天球子午圈。

过天球中心做一与地球公转轨道平面平行的平面为黄道面，与天球相交的大圆为黄道，如

图 2-6 所示，它是太阳周年视运动轨迹在天球上的投影。黄道与天赤道在天球上相交于两点，这两点称为二分点。其中，太阳沿黄道从赤道以南向北通过赤道的那一个交点称为春分点，另一个交点称为秋分点。黄道上与二分点黄经度数相差 90° 的点，在赤道以北的为夏至点，在赤道以南的为冬至点。通过天球中心，且垂直于黄道面的直线与天球的交点，称为黄极。其中，靠近北天极的交点称为北黄极，靠近南天极的交点称为南黄极。黄道与赤道的两个交点称为春分点和秋分点。视太阳在黄道上从南半球向北半球运动时，黄道与天球赤道的交点称为春分点，用 r 表示。在天文学

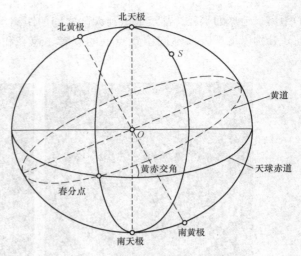

图 2-6　天极、黄极示意图

中和研究卫星运动时，春分点和天球赤道面是建立参考系的重要基准点和基准面。地球的中心至天体的连线与天球赤道面的夹角称为赤纬，春分点的天球子午面与过天体的天球子午面的夹角为赤经。黄道是黄道坐标系中的基圈，北黄极为黄道坐标系的极。黄道与赤道的交角 ε 称为黄赤交角，它是黄极与天极之间的角距离，$\varepsilon = 23°27'$。

天球坐标系又称为恒星坐标系。在天球坐标系中，任一天体的位置可用天球球面坐标系和天球空间直角坐标系来描述。

2.1.1.3　天球球面坐标系

原点位于地球的质心，赤经 α 为含天轴和春分点的天球子午面与经过天体 s 的天球子午面之间的交角，赤纬 δ 为原点至天体的连线与天球赤道面的夹角，向径 r 为原点至天体的距离（图 2-7）。

2.1.1.4　天球空间直角坐标系

原点位于地球的质心，z 轴指向天球的北极 P_n，x 轴指向春分点，y 轴与 x、z 轴构成右手坐标系（图 2-8）。

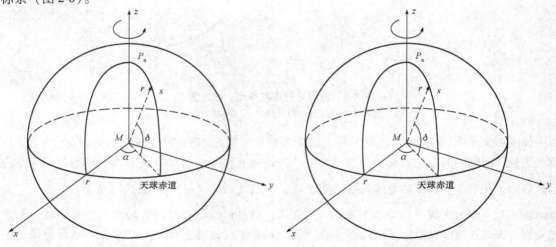

图 2-7　天球球面坐标系　　　　　　**图 2-8　天球空间直角坐标系**

2.1.1.5　天球球面坐标与直角坐标的换算

天球球面坐标系（α, δ, r）和天球空间直角坐标系（x, y, z）在表达同一天体的位置时是等价的，两者可相互转换。

$$\begin{bmatrix} x \\ y \\ z \end{bmatrix} = r \begin{bmatrix} \cos\delta\cos\alpha \\ \cos\delta\sin\alpha \\ \sin\delta \end{bmatrix} \tag{2-1}$$

$$r = \sqrt{x^2 + y^2 + z^2}$$

$$\alpha = \arctan \frac{y}{x}$$

$$\delta = \arctan \frac{z}{\sqrt{x^2 + y^2}} \tag{2-2}$$

2.1.1.6　地球自转轴在惯性空间的运动——岁差和章动

地球坐标系的建立是假定地球的自转轴在空间的方向上是固定的，春分点在天球上的位置保持不变。实际上，地球接近于一个赤道隆起的椭球体，在日月和其他天体引力对地球隆起部分的作用下，地球在绕太阳运行时，使地球自转轴产生进动力矩，自转轴方向不再保持不变，从而使春分点在黄道上产生缓慢西移，此现象在天文学上称为岁差。它使春分点每年沿赤道移动 0.13 s。岁差主要包括赤道岁差（日月岁差）和黄道岁差（行星岁差）。春分点每年西移 50.2″，周期约为 25 800 年。

由于太阳、月球及行星对地球上赤道隆起部分的作用力矩而导致赤道平面的运动（或者说天极绕黄极在半径为黄赤交角 ε 的小圆上的顺时针方向旋转；其运动速度为每年西移 50.39 s）称为赤道岁差，原来被称为日月岁差（图 2-9、图 2-10）。

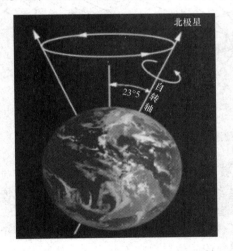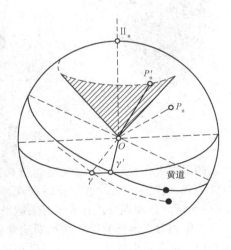

图 2-9　岁差

除了太阳和月球对地球的引力外，太阳系中的其他行星也会对地球和月球产生万有引力；影响地月系质心绕日公转的轨道平面，黄道面产生变化，使春分点产生移动，将这种岁差称为黄道岁差（图 2-11），原来被称为行星岁差。黄道岁差使春分点在天球赤道上每年约东移 0.1 s，还会使黄赤交角 ε 变化。

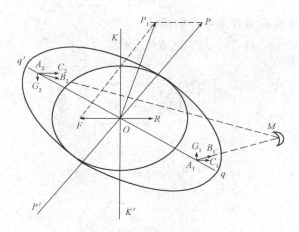

图 2-10　赤道岁差几何分析图

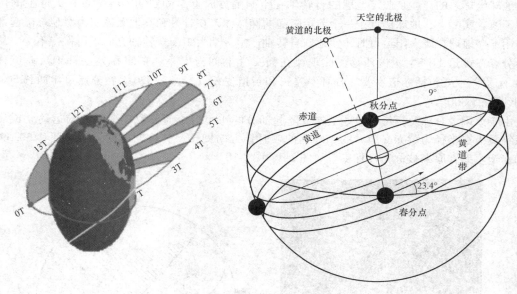

图 2-11　黄道岁差

在岁差的影响下，地球自转轴在空间绕北黄极顺时针旋转，因而使北天极以同样方式绕北黄极顺时针旋转。在天球上，这种顺时针规律运动的北天极称为瞬时平北天极（简称平北天极），相应的天球赤道和春分点称为瞬时天球平赤道和瞬时平春分点。

月球和太阳相对于地球的位置在不断地变化（太阳、月球与地球赤道面之间的夹角以及它们离地球的距离都会发生变化）。由于行星相对于地球的位置也在不断变化，从而导致黄道面产生周期性的变化。这一切都将使北天极、春分点、黄赤交角等在总岁差的基础上产生额外的周期性的微小摆动，我们将这种周期性的微小摆动称为章动。章动的周期是 18.6 年（图 2-12）。如果观测时的北天极称为瞬时北天极（或真北天极），相应的天球赤道和春分点称为瞬时天球赤道和瞬时春分点（或真天球赤道和真春分点），则在岁差和章动的综合作用下，真正的北天极将不再沿着小圆向西移动，而将沿着波浪形的曲线运动，瞬时北天极将绕瞬时平北天极产生旋转，轨迹大致为椭圆（图 2-13）。

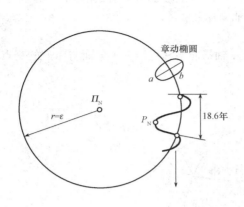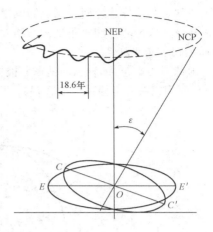

图2-12　章动

2.1.1.7　协议天球坐标系

协议天球坐标系也称协议惯性坐标系，历元平天球坐标系。

为了建立一个与惯性坐标系相接近的坐标系，通常选择某一时刻作为标准历元，并将此刻地球的瞬时自转轴（指向北极）和地心至瞬时春分点的方向，经过瞬时的岁差和章动改正后，分别作为 z 轴和 x 轴的指向。由此所构成的空间固定坐标系，称为所取标准历元 t_0 时刻的平天球坐标系，也称协议惯性坐标系（Conventional Inertial System，简称 CIS）。天体以及 GPS 卫星等的星历通常都在该系统中表示。

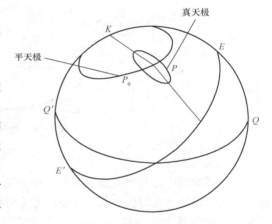

图2-13　天极运动轨迹

选择某一历元时刻 t，以此瞬间的地球自转轴和春分点方向分别扣除此瞬间的章动值作为 z 轴和 x 轴的指向，y 轴按构成右手坐标系取向，坐标系原点仍取地球质心。

国际大地测量学协会（IAC）和国际天文学联合会（International Astronomical Union，简称 IAU）决定，从 1984 年 1 月 1 日后启用的协议坐标系，其坐标轴的指向，是以 2000 年 1 月 1.5 日 TDB（太阳质心力学时）为标准历元（标以 J2000.0）的赤道和春分点定义的。

2.1.1.8　瞬时天球坐标

"以瞬时北天极和瞬时春分点为基准点建立的天球坐标系"，原点位于地球质心，z 轴指向瞬时地球自转轴（瞬时北天极），x 轴指向瞬时春分点，y 轴按构成右手坐标系取向。

在岁差和章动的影响下，瞬时天球坐标系的坐标轴指向在不断地变化，为非惯性坐标系统，不能直接根据牛顿力学定律来研究卫星的运动规律。

2.1.2　地球坐标系

2.1.2.1　地固坐标系

天球坐标系与地球自转无关，导致地球上一固定点在天球坐标系中的坐标随地球自转而变化，应用不方便。为了描述地面观测点的位置，有必要建立与地球体相固连的坐标系。地球坐标系有两种表达方式：地心空间直角坐标系和大地坐标系。

1. 地心空间直角坐标系

原点与地球质心重合，z 轴指向地球北极，x 轴指向格林尼治平子午面与赤道的交点 E，y 轴垂直于 xoz 平面构成右手坐标系（图 2-14）。

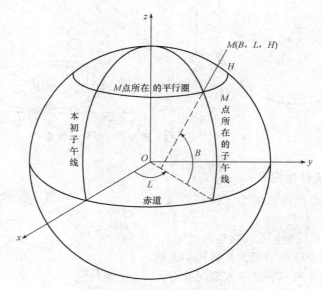

图 2-14　地球固连直角坐标系

2. 大地坐标系

地球椭球的中心与地球质心重合，椭球短轴与地球自转轴重合；大地纬度 B 为过地面点的椭球法线与椭球赤道面的夹角；大地经度 L 为过地面点的椭球子午面与格林尼治平子午面之间的夹角；大地高 H 为地面点沿椭球法线至椭球面的距离（图 2-15）。

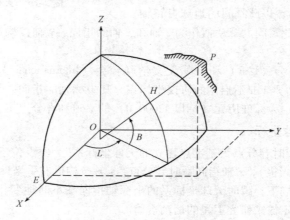

图 2-15　大地坐标系

地球坐标系的坐标转换，任一地面点在地球坐标系中可表示为 (X, Y, Z) 和 (B, L, H)，两者可进行互换。空间大地坐标依附于参考椭球。为建立大地坐标与直角坐标之间的关系，必须首先定义参考椭球（图 2-16）。

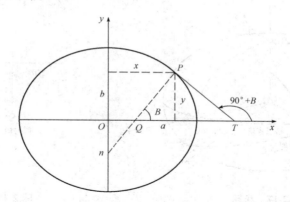

图 2-16　参考椭球下的大地坐标与直角坐标之间的关系

$$\rho = \begin{bmatrix} X \\ Y \\ Z \end{bmatrix} = \begin{bmatrix} (N+H)\ \cos B \cos L \\ (N+H)\ \cos B \sin L \\ [N\ (1-e^2)+H]\sin B \end{bmatrix} \tag{2-3}$$

$$L = \arctan\left(\frac{Y}{X}\right)$$

$$B = \arctan\left[\tan\varphi\ \left(1-e^2\ \frac{N}{N+H}\right)^{-1}\right] \tag{2-4}$$

$$H = \frac{R\cos\varphi}{\cos B} - NX$$

设地球参考椭球长半径为 a，短半径为 b，偏心率为 e，N 为椭球卯酉圈的曲率半径。φ 为地心纬度，即观测点和地心连线与赤道面的夹角，$\tan\varphi = Z/\ (X_2+Y_2)\ 1/2$。$R$ 为地心向径，$R = (X_2+Y_2+Z_2)\ 1/2$。

$$N = \frac{a}{(1-e^2\sin^2 B)^{\frac{1}{2}}}$$

$$e^2 = \frac{a^2-b^2}{a^2} \tag{2-5}$$

2.1.2.2　地极移动

人们早已发现，地球自转轴相对地球体的位置并不是固定的，因而地极点在地球表面上的位置是随时间变化的，这种现象称为地极移动，简称极移（图 2-17）。观测瞬间地球自转轴所处的位置，称为瞬时地球自转轴，而相应的极点称为瞬时极。

大量观测资料的分析表明，地极在地球表面上的运动，主要包含两种周期性的变化：一种是周期约为 1 年，振幅约为 0.1″的变化；另一种是周期约为 432 天，振幅约为 0.2″的变化。后一种周期变化又称为张德勒（S. C. Chandler）周期变化。

为了描述地极移动的规律，通常均取一平面直角坐标系（图 2-18）来表达地极的瞬时位置。为此，假设该平面通过地极的某一平均位置，即平极 P，并与地球表面相切，在此平面上取直角坐标系（x_p，y_p），并设其原点与平极 P_n 重合，x_p 轴指向平均格林尼治天文台，y_p 轴指向格林尼治零子午面以西 90°的子午线方向，于是，任一历元 t 的瞬时极 P_n 的位置，可表示为（x_p，y_p）。

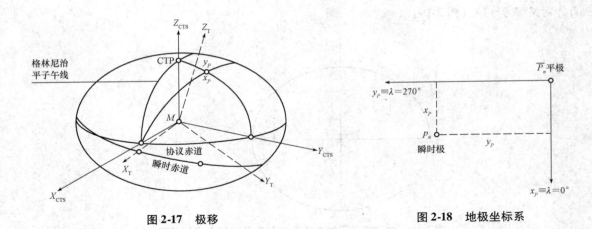

图 2-17 极移　　　　　　　　　　　　图 2-18 地极坐标系

一个自由转动刚体，如其初始条件为自转轴与刚体的主惯量轴一致，则其自转轴将与主惯量轴保持一致，如初始条件为自转轴与刚体主惯量轴不一致而存在某一夹角，根据欧拉方程的解，其瞬时自转轴将不会与主惯量轴重合，而是在其附近不停地摆动，即极移。

地极的移动，将使地固坐标系坐标轴的指向发生变化，从而对实际工作造成许多困难。因此，国际天文学联合会和国际大地测量学协会早在 1967 年便建议，采用国际上 5 个纬度服务站，以 1900—1905 年的平均纬度所确定的平均地极位置作为基准点。极移将使地球坐标系的 z 轴方向发生变化，主要引起地球瞬时坐标系相对协议地球坐标系的旋转。地极移动与岁差和章动是不同的概念：岁差和章动是指地球自转轴在空间指向的移动，而地极移动是指地球北极与地面参照物的相对移动。极移现象主要引起地球瞬时坐标系相对协议地球坐标系的旋转。

地球自转轴相对地球体的位置是变化的，从而地极点在地球表面上的位置，也是随时间变化的。瞬时地球自转轴是指"观测瞬间地球自转轴的位置"，瞬时极是指"和瞬时地球自转轴相对应的极点"。

2.1.2.3　瞬时极地球坐标系

原点位于地球质心，z 轴指向瞬时地球自转轴方向，x 轴指向瞬时赤道面和包含瞬时地球自转轴与平均天文台赤道参考点的子午面之交点，y 轴构成右手坐标系取向。由于极移的影响，瞬时极地球坐标系是随时间而变化的，不便于描述地球上点的位置。

国际协议原点 CIO（Conventional International Origin）以 1900—1905 年地球自转轴瞬时位置的平均位置作为地球的固定极，称为 CIO。协议地极坐标系是指原点位于地球质心，z 轴指向 CIO，x 轴指向协议地球赤道面和包含 CIO 与平均天文台赤道参考点的子午面之交点，y 轴构成右手坐标系取向。

2.1.2.4　协议地球坐标系与瞬时极地球坐标系的坐标转换

协议地球坐标系与瞬时极地球坐标系存在旋转关系：

$$\begin{bmatrix} x \\ y \\ z \end{bmatrix}_{em} = R_y(-x''_p)R_x(-y''_p)\begin{bmatrix} x \\ y \\ z \end{bmatrix}_{et} \tag{2-6}$$

(x_p, y_p) 为瞬时地极相对 CIO 的坐标。

2.2 坐标系统之间的转换

2.2.1 坐标的旋转与平移

坐标的旋转与平移如图 2-19 所示。

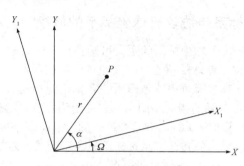

图 2-19 坐标的旋转与平移

（1）坐标绕 Z 轴旋转 Ω 角度：

$$\begin{pmatrix} x_1 \\ y_1 \\ z_1 \end{pmatrix} = \begin{pmatrix} \cos\Omega & \sin\Omega & 0 \\ -\sin\Omega & \cos\Omega & 0 \\ 0 & 0 & 1 \end{pmatrix} \begin{pmatrix} x \\ y \\ z \end{pmatrix} \tag{2-7}$$

$$R_Z(\Omega) = \begin{pmatrix} \cos\Omega & \sin\Omega & 0 \\ -\sin\Omega & \cos\Omega & 0 \\ 0 & 0 & 1 \end{pmatrix} \tag{2-8}$$

（2）坐标绕 Y 轴旋转 φ 角度：

$$R_Y(\varphi) = \begin{pmatrix} \cos\varphi & 0 & -\sin\varphi \\ 0 & 1 & 0 \\ \sin\varphi & 0 & \cos\varphi \end{pmatrix} \tag{2-9}$$

（3）坐标绕 X 轴旋转 θ 角度：

$$R_X(\theta) = \begin{pmatrix} 1 & 0 & 0 \\ 0 & \cos\theta & \sin\theta \\ 0 & -\sin\theta & \cos\theta \end{pmatrix} \tag{2-10}$$

（4）坐标的平移：

$$\begin{pmatrix} x_1 \\ y_1 \\ z_1 \end{pmatrix} = \begin{pmatrix} x - x_0 \\ y - y_0 \\ z - z_0 \end{pmatrix} \tag{2-11}$$

2.2.2 地球坐标系与天球坐标系的转换

卫星位置用天球坐标系的坐标表示，而测站点位置用地球坐标系的坐标表示，要用卫星坐标求测站坐标，需将天球坐标系的坐标转换成地球坐标系的坐标。

转换的步骤如下：协议天球坐标系→平天球坐标系→瞬时天球坐标系→瞬时地球坐标系→

协议地球坐标系。在转换过程中，因两者的坐标原点一致，故只需多次旋转坐标轴即可。天球球面坐标系与协议天球坐标系转换公式见式（2-12）。

$$\begin{bmatrix} x \\ y \\ z \end{bmatrix}_t = \begin{bmatrix} 1 & 0 & 0 \\ 0 & \cos(\varepsilon + \Delta\varepsilon) & \sin(\varepsilon + \Delta\varepsilon) \\ 0 & -\sin(\varepsilon + \Delta\varepsilon) & \cos(\varepsilon + \Delta\varepsilon) \end{bmatrix} \begin{bmatrix} \cos\Delta\psi & \sin\Delta\psi & 0 \\ -\sin\Delta\psi & \cos\Delta\psi & 0 \\ 0 & 0 & 1 \end{bmatrix} \begin{bmatrix} 1 & 0 & 0 \\ 0 & \cos\varepsilon & -\sin\varepsilon \\ 0 & \sin\varepsilon & \cos\varepsilon \end{bmatrix} \begin{bmatrix} x \\ y \\ z \end{bmatrix}_M$$

$$(2-12)$$

2.2.3 协议地球坐标系与协议天球坐标系的转换

根据协议地球坐标系和协议天球坐标系的定义可知：

（1）两坐标系的原点均位于地球的质心，故其原点位置相同。

（2）瞬时天球坐标系的 z 轴与瞬时地球坐标系的 Z 轴指向相同。

（3）两瞬时坐标系 x 轴与 X 轴的指向不同，其间夹角为春分点的格林尼治恒星时。

如果春分点的格林尼治恒星时，以 GAST（Greenwich Apparent Sidereal Time）表示，则瞬时天球坐标系与瞬时地球坐标系之间的转换关系可简单地表示为式（2-13）。

$$\begin{bmatrix} X \\ Y \\ Z \end{bmatrix}_0 = \begin{bmatrix} \cos X_P & 0 & \sin X_P \\ 0 & 1 & 0 \\ -\sin X_P & 0 & \cos X_P \end{bmatrix} \begin{bmatrix} 1 & 0 & 0 \\ 0 & \cos Y_P & -\sin Y_P \\ 0 & \sin Y_P & \cos Y_P \end{bmatrix} \begin{bmatrix} X \\ Y \\ Z \end{bmatrix}_t \approx \begin{bmatrix} 1 & 0 & X_P \\ 0 & 1 & -Y_P \\ 0 & Y_P & 1 \end{bmatrix} \begin{bmatrix} X \\ Y \\ Z \end{bmatrix} \quad (2-13)$$

2.3 GNSS 测量的时间系统

GPS 是建立在测定无线电信号传播延迟基础上的，把时间转换为距离量时纳秒级的时间误差都会引起米级的距离误差，这就要求时钟高度稳定和同步。从理论上而言，任何一个周期运动，只要它的周期是恒定的且是可观测的，都可以作为时间的尺度。实际上，我们所能得到的时间尺度只能在一定精度上满足这一理论要求。科学技术的发展对时间尺度准确性越来越高的要求，推动了时间测量水准的不断提高；观测技术的进步和更加稳定的周期运动的发现使时间单位（秒）的定义也经历了一个相应的变化过程。现代测量科技与空间科技紧密结合，测量精度极高。如卫星定轨、飞机和车辆导航、地球自转与公转、研究地壳升降和板块运动等问题，不仅要求给出空间位置，而且应给出相应的时间。现代大地测量基准应是包括时间在内的四维基准。

在 GPS 测量中，时间的意义确定 GPS 卫星的在轨位置；确定测站位置；确定地球坐标系与天球坐标系的关系。时间包括时刻（绝对时间）与时间间隔（相对时间）两个概念。测量时间同样需要建立测量基准，包括尺度与原点。可作为时间基准的运动现象必须是周期性的，且其周期应有复现性和足够的稳定性。

2.3.1 世界时

世界时（Universal Time，UT）以地球自转周期为基准，1960 年以前一直作为时间测量的基准。由于地球的自转，太阳会周期性地经过某个地点上空。太阳连续两次经过某条子午线的平均时间间隔称为一个平太阳日，以此为基准的时间称为平太阳时。英国格林尼治从午夜起算的平太阳时称为世界时（UT），一个平太阳日的 1/86 400 规定为一个世界时秒。地球除了绕轴自转之外，还有绕太阳的公转运动，所以，一个平太阳日并不等于地球自转一周的时间。

世界时既然以地球自转周期为基准，那么地球自转轴在地球内的变化（极移）和地球自转速度不均匀就会对世界时产生影响。地球自转速度主要的三种变化：长期变化，由于日月潮汐的摩擦作用引起的日长度缓慢增加；季节及周期现象引起的周期变化；地球转动惯量的不规则变化等未知因素引起的不规则变化。

（1）恒星时。以春分点连续两次经过本地子午线的时间间隔为一恒星日，含 24 恒星小时，分为真春分点地方时、真春分点格林尼治时、平春分点地方时和平春分点格林尼治时。

（2）真太阳时与平太阳时（GAMT）。真太阳连续两次通过测站上中天所经历的时间段为一个真太阳日。以平太阳连续两次经过本地子午线的时间间隔为一平太阳日，含 24 平太阳小时。

（3）世界时。以子夜为零时起算的格林威治平太阳时，用 UT_0 表示。与平太阳时相差 12 小时，即 $UT_0 = \text{GAMT} + 12 \text{ h}$。

平太阳时和世界时均以地球自转为参照，而地球自转速度是变化的，包括极移、自转速度季节性变化和逐年变慢等。1956 年，引入极移改正和自转速度季节性变化改正：

$$UT_1 = UT_0 + \Delta\lambda$$
$$UT_2 = UT_1 + \Delta T_s$$

式中　UT_0——从午夜起算的格林尼治平太阳时，它由各地天文台或授时台对恒星位置直接观测，并经平滑处理的结果；

　　　$\Delta\lambda$——极移改正值；

　　　ΔT_s——地球自转季节性变化的改正值。

2.3.2　历书时

历书时（Ephemeris Time，ET）以地球绕太阳公转周期为基准，理论上讲它是均匀的，不受地球极移和转速变化的影响，因而比世界时更精确。回归年（地球绕太阳公转一周的时间）长度的 1/31 556 925. 974 7 为一历书时秒，86 400 历书时秒为一历书时日。但是，由于观测太阳比较困难，只能通过观测月亮和恒星换算，其实际精度比理论分析的精度低得多，所以历书时只正式使用了 7 年。

2.3.3　原子时

原子时（International Atomic Time，IAT）以位于海平面的铯原子 133 基态两个超精细结构能级跃迁辐射的电磁波周期为基准，从 1958 年 1 月 1 日世界的零时开始启用。铯束频标的 9 192 631 770 个周期持续的时间为一个原子时秒，86 400 个原子时秒定义为一个原子时日。由于原子内部能级跃迁所发射或吸收的电磁波频率极为稳定，比以地球转动为基础的计时系统更均匀，因而得到了广泛应用。

虽然原子时比以往任何一种时间尺度都精确，但它仍含有一些不稳定因素，需要修正。因此，国际原子时尺度并不是由一个具体的时钟产生的，它是一个以多个原子钟的读数为基础的平均时间尺度，目前大约有 100 台原子钟以不同的权值参加国际原子时的计算，它们分布在欧洲、澳大利亚、美洲和日本等地，每天通过罗兰 – C 和电视脉冲信号进行相互对比，并且不定期地用搬运钟进行对比。国际原子时的最高读数精度为 ±0.2 ~ 0.5 μs，频率准确度为年平均值 ±1 × 10⁻¹³，频率稳定度为 $\sigma(2, t) = 0.5 ~ 1.0 \times 10^{-13}$，2 月 < τ < 几年。

2.3.4　协调时

协调时（Universal Time Coordinated，UTC）并不是一种独立的时间，而是时间服务工作中把原子时的秒长和世界时的时刻结合起来的一种时间。它既可以满足人们对均匀时间间隔的要求，又可以满足人们对以地球自转为基础的准确世界时时刻的要求。协调时的定义是它的秒长严格地等于原子时秒长，采用整数调秒的方法使协调时与世界时之差保持在 0.9 s 之内。

2.3.5　GPS 时

GPS 时（GPS Time，GPST）是由 GPS 星载原子钟和地面监控站原子钟组成的一种原子时系统，与国际原子时保持有 19 s 的常数差，并在 GPS 标准历元 1980 年 1 月 6 日零时与 UTC 保持一致。GPS 时在 0 至 604 800 s 之间变化，0 s 是每星期六午夜且每到此时 GPS 时重新设定为 0 s，GPS 周数加 1。

GPS 时的一个重要作用是作为 GPS 轨道确定的精密参考。过去，GPS 时被保持在主控制站，轨道确定过程中相对于 GPS 主钟跟踪所有卫星钟，因而每个 GPS 卫星轨道的确定都密切地与主钟联系起来。在轨道确定中，测量的每个卫星伪距与主钟比较并打上主钟的时间标记。不幸的是，轨道确定过程并不能把估计的至卫星的距离误差与钟差分离出来，因此为了得到对轨道良好的估计，主钟在估计期间必须非常稳定。但由于主控站环境条件不理想，作为 GPS 主钟的铯钟有频率跳跃现象，为了改善这种状况，在主控站安装了一个硬件钟组，与此同时开发了一个 GPS 组合钟并已投入使用，它是把 GPS 系统中所有钟（地面的和星上的）平均而来。

由于 GPS 的时间参考和美国国防部所有与时间有关的系统都是 UTC（定标在美国海军实验室），所以必须有一个方法能把 GPS 时与 UTC 联系起来，具体办法是在卫星的导航电文中播发 2 个系数，用来确定 GPST 和 UTC 之差，用户导航设备利用给定的公式可以很容易地完成这一运算。

第 3 章

卫星轨道

★ 学习目标

1. 掌握 GNSS 卫星轨道的表示方法和基本的动力学原理；
2. 了解 GNSS 卫星星历的结构及其使用方法。

★ 本章概述

GNSS 系统的原理就是测量信号从卫星到接收机的传播距离。因此，在 GNSS 理论中，卫星轨道是很重要的一个内容。本章将简要描述卫星轨道的基本理论，包括卫星的开普勒运动、受摄运动和卫星星历等内容。

3.1 开普勒运动

简化的卫星轨道运动被称为开普勒运动，这个问题也被称为"二体问题"。卫星应该在一个中心力场内移动。依据牛顿第二运动定律，卫星的运动方程可以表示为

$$\vec{f} = ma = m \cdot \ddot{\vec{r}} \tag{3-1}$$

其中，$\vec{f}$ 为吸引力；m 为卫星的质量；a 或者 $\ddot{\vec{r}}$ 为运动加速度（位置矢量 $\vec{r}$ 相对于时间的二阶微分）。根据牛顿第二运动定律有

$$\vec{f} = -\frac{GMm}{r^2} \tag{3-2}$$

其中，G 为万有引力常数；M 为地球的质量；r 为地球质心到卫星质心的距离，则卫星运动方程为

$$\ddot{\vec{r}} = -\frac{\mu}{r^2} \frac{\vec{r}}{r} \tag{3-3}$$

其中，μ（$= GM$）称为地球引力常数。上述方程只在惯性坐标系下成立。通过 3 个坐标分量 x、y 和 z，运动方程的分量形式表示为

$$\begin{cases} \ddot{x} = -\dfrac{\mu}{r^3}x \\[2mm] \ddot{y} = -\dfrac{\mu}{r^3}y \\[2mm] \ddot{z} = -\dfrac{\mu}{r^3}z \end{cases} \tag{3-4}$$

由上式可得

$$\begin{cases} y\ddot{z} - z\ddot{y} = 0 \\ z\ddot{x} - x\ddot{z} = 0 \\ x\ddot{y} - y\ddot{x} = 0 \end{cases} \tag{3-5}$$

它的矢量形式为

$$\vec{r} \times \ddot{\vec{r}} = 0 \tag{3-6}$$

式（3-5）和式（3-6）分别等价于

$$\begin{cases} \dfrac{\mathrm{d}(y\dot{z} - z\dot{y})}{\mathrm{d}t} = 0 \\[3mm] \dfrac{\mathrm{d}(z\dot{x} - x\dot{z})}{\mathrm{d}t} = 0 \\[3mm] \dfrac{\mathrm{d}(x\dot{y} - y\dot{x})}{\mathrm{d}t} = 0 \end{cases} \tag{3-7}$$

$$\dfrac{\mathrm{d}(\vec{r} \times \dot{\vec{r}})}{\mathrm{d}t} = 0 \tag{3-8}$$

将式（3-7）和式（3-8）分别进行积分可得

$$\begin{cases} y\dot{z} - z\dot{y} = A \\ z\dot{x} - x\dot{z} = B \\ x\dot{y} - y\dot{x} = C \end{cases} \tag{3-9}$$

$$\vec{r} \times \dot{\vec{r}} = \vec{h} = \begin{bmatrix} A \\ B \\ C \end{bmatrix} \tag{3-10}$$

其中，A、B、C 为积分常数，它们形成积分常数矢量 $\vec{h}$，即

$$h = \sqrt{A^2 + B^2 + C^2} = |\vec{r} \times \dot{\vec{r}}| \tag{3-11}$$

常数 h 为半径矢量在单位时间内所扫过面积的二倍，这就是开普勒第二定律。因此，$h/2$ 就成为卫星轨道半径的面积速度。

将 x、y 和 z 分别与式（3-9）的三个式子相乘并把它们相加可得

$$Ax + By + Cz = 0 \tag{3-12}$$

可见，卫星轨道符合平面方程，坐标系的原点就在平面内。换句话说，卫星在引力场的作用下在平面内运动，这个平面就称为卫星的轨道面。

轨道面和赤道面的夹角称为卫星倾角（用 i 表示，如图 3-1 所示）。倾角 i 也就是矢量 $z = (0 \quad 0 \quad 1)^T$ 和矢量 $\vec{h}$ 的夹角，即

$$\cos i = \dfrac{\vec{z} \cdot \vec{h}}{|\vec{z}| \cdot |\vec{h}|} = \dfrac{C}{h} \tag{3-13}$$

轨道面交赤道于两点，它们分别称为升交点和降交点。$\vec{s}$ 表示地球中心指向升交点的矢量。升交点与 x 轴（春分点）的夹角称作升交点赤经（用 Ω 表示）。因此

$$\vec{s} = \vec{z} \times \vec{h}$$

$$\cos\Omega = \frac{\vec{s} \cdot \vec{x}}{|\vec{s}| \cdot |\vec{x}|} = \frac{-B}{\sqrt{A^2 + B^2}} \tag{3-14}$$

$$\sin\Omega = \frac{\vec{s} \cdot \vec{y}}{|\vec{s}| \cdot |\vec{y}|} = \frac{A}{\sqrt{A^2 + B^2}}$$

参数 i 和 Ω 唯一地确定了轨道面的位置，因此被称作轨道参数。Ω、i 和 h 被称为积分常数，它们对于卫星轨道都有重要的几何意义。

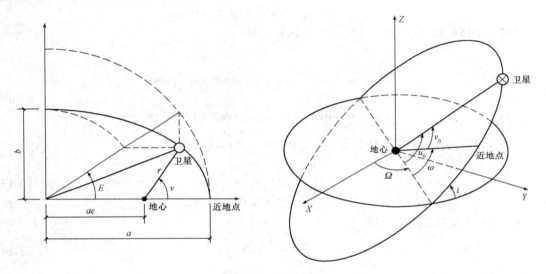

图 3-1　开普勒轨道

3.1.1　轨道平面内的运动

图 3-2 给出了轨道平面内一个二维直角坐标系，这个坐标可以用极坐标 r 和 θ 表示为

$$p = r\cos\theta \tag{3-15}$$

$$q = r\sin\theta$$

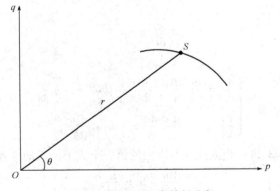

图 3-2　轨道平面内的极坐标

类似于式（3-4），可得 pq 坐标系下的运动方程

$$\begin{cases} \ddot{p} = -\dfrac{\mu}{r^3}p \\ \ddot{q} = -\dfrac{\mu}{r^3}q \end{cases}$$

(3-16)

由（3-15）可得

$$\begin{cases} \dot{p} = \dot{r}\cos\theta - r\dot{\theta}\sin\theta \\ \dot{q} = \dot{r}\sin\theta + r\dot{\theta}\cos\theta \\ \ddot{p} = (\ddot{r} - r\dot{\theta}^2)\cos\theta - (r\ddot{\theta} + 2\dot{r}\dot{\theta})\sin\theta \\ \ddot{q} = (\ddot{r} - r\dot{\theta}^2)\sin\theta + (r\ddot{\theta} + 2\dot{r}\dot{\theta})\cos\theta \end{cases}$$

(3-17)

将式（3-15）和式（3-17）代入式（3-16）可得

$$\begin{cases} (\ddot{r} - r\dot{\theta}^2)\cos\theta - (r\ddot{\theta} + 2\dot{r}\dot{\theta})\sin\theta = -\dfrac{\mu}{r^3}\cos\theta \\[3mm] (\ddot{r} - r\dot{\theta}^2)\sin\theta + (r\ddot{\theta} + 2\dot{r}\dot{\theta})\cos\theta = -\dfrac{\mu}{r^3}\sin\theta \end{cases}$$

(3-18)

极角 θ 对应的测量点可为任意值，故令 θ 为零，则运动方程为

$$\begin{cases} \ddot{r} - r\dot{\theta}^2 = -\dfrac{\mu}{r^2} \\[2mm] r\ddot{\theta} + 2\dot{r}\dot{\theta} = 0 \end{cases}$$

(3-19)

用 r 乘以上式第二式可得到

$$\frac{\mathrm{d}(r^2\dot{\theta})}{\mathrm{d}t} = 0$$

(3-20)

因为 $r\dot{\theta}$ 为切向速度，所以 $r^2\dot{\theta}$ 为卫星半径面积速度的二倍。对式（3-20）进行积分，并且将其与 3.1 节所讨论的做比较，可得

$$r^2\dot{\theta} = h$$

(3-21)

$h/2$ 为卫星轨道半径的面积速度。

为了解式（3-19）的一阶微分方程，该方程必须转化为 r 相对于变量 f 的微分方程。令

$$u = \frac{1}{r}$$

(3-22)

由式（3-21）可得

$$\frac{\mathrm{d}\theta}{\mathrm{d}t} = hu^2$$

(3-23)

且，

$$\begin{cases} \dfrac{\mathrm{d}r}{\mathrm{d}t} = \dfrac{\mathrm{d}r}{\mathrm{d}\theta}\dfrac{\mathrm{d}\theta}{\mathrm{d}t} = \dfrac{\mathrm{d}}{\mathrm{d}\theta}\Big(\dfrac{1}{u}\Big)hu^2 = -h\dfrac{\mathrm{d}u}{\mathrm{d}h} \\[3mm] \dfrac{\mathrm{d}^2r}{\mathrm{d}t^2} = -h\dfrac{\mathrm{d}^2u}{\mathrm{d}\theta^2}\dfrac{\mathrm{d}\theta}{\mathrm{d}t} = -h^2u^2\dfrac{\mathrm{d}^2u}{\mathrm{d}\theta^2} \end{cases}$$

(3-24)

将式（3-22）和式（3-24）代入式（3-19）的第一个式子，运动方程可表示为

$$\frac{\mathrm{d}^2u}{\mathrm{d}\theta^2} + u = \frac{\mu}{h^2}$$

(3-25)

上式的解为

$$u = d_1\cos\theta + d_2\sin\theta + \frac{\mu}{h^2}$$ 其中，d_1 和 d_2 为积分常数。上式可简化为

$$u = \frac{\mu}{h^2}[1 + e\cos(\theta - \omega)] \qquad (3\text{-}26)$$

其中，

$$d_1 = \frac{\mu}{h^2}e\cos\omega, \qquad d_2 = \frac{\mu}{h^2}e\sin\omega$$

这样，卫星在轨道面内的运动方程可表示为

$$r = \frac{h^2/\mu}{1 + e\cos(\theta - \omega)} \qquad (3\text{-}27)$$

将式（3-27）与下式标准的二次曲线的极坐标方程相比：

$$r = \frac{a(1 - e^2)}{1 + e\cos\varphi} \qquad (3\text{-}28)$$

轨道方程（3-27）明显为原点在一个焦点的二次曲线的极坐标方程。其中，参数 e 为偏心率，当 $e=0$、$e<1$、$e=1$ 和 $e>1$ 时，二次曲线分别为圆、椭圆、抛物线和双曲线。对于绕地球的卫星轨道，通常 $e<1$。因此，卫星轨道为一个椭圆，这就是开普勒第一定律。参数 a 为椭圆的长半轴，且

$$h^2/\mu = a(1 - e^2) \qquad (3\text{-}29)$$

显然，参数 a 比 h 有更重要的几何意义，因此 a 被优先使用。参数 a 和 e 决定了椭圆的大小和形状，故称为椭圆参数。椭圆交赤道于升交点和降交点。极角 φ 以椭圆的远地点为起始点。令 $\varphi=0$，则有 $r=a(1+e)$。φ 与 $\theta-\omega$ 相差 180°。令 $f=\theta-\omega$，这里 f 称为卫星从近地点算起的真近点角。轨道方程（3-27）可写为

$$r = \frac{a(1 - e^2)}{1 + e\cos f} \qquad (3\text{-}30)$$

假定 $f=0$，即卫星在近地点上，则有 $\omega=\theta$，θ 为近地点以 p 轴为起始轴的极角。假定 p 轴在赤道面上，并指向升交点 N，则 ω 就为近地点与升交点之间的交角（图 3-3），称为近地点角度。近地点角度决定了椭圆相对于赤道面的轴向。

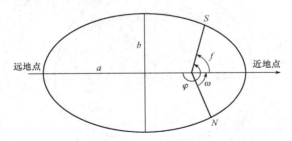

图 3-3 卫星运行的椭圆

3.1.2 开普勒方程

至此，5 个积分常数已经导出。它们是倾角 i、升交点 Ω、长半轴 a、轨道椭圆的偏心率 e 以及升交点角度 ω。参数 i 和 Ω 决定了轨道平面的空间位置，a 和 e 决定了轨道椭圆的大小和形状，而 ω 决定了轨道平面的方向（图 3-4）。为了确定卫星在轨道平面的具体位置，必须对卫星的运

动速度进行讨论。

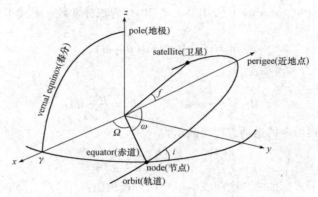

图 3-4 轨道几何图

卫星运动的周期 T 等于轨道椭圆面积除以面速度：

$$T = \frac{\pi ab}{\frac{1}{2}h} = \frac{2\pi ab}{\sqrt{\mu a(1 - e^2)}} = 2\pi a^{3/2}\mu^{-1/2} \tag{3-31}$$

平均角速度 n 为

$$n = \frac{2\pi}{T} = a^{-3/2}\mu^{1/2} \tag{3-32}$$

式（3-32）为开普勒第三定律。显然，在椭圆的几何中心上通过平均角速度 n 来描述卫星的角运动更容易（相比于地心）。为简化问题，定义一个偏近点角（用 E 表示，如图 3-5 所示）。点 S' 为卫星 S 在半径为 a（椭圆的长半轴）的圆上的垂直投影。椭圆几何中心点 O 和地心 O' 之间的距离为 ae。

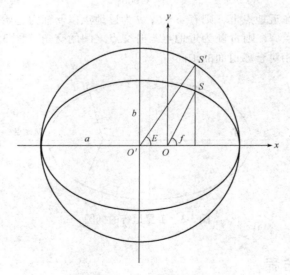

图 3-5 卫星的平近点角

可见：

$$\begin{cases} x = r\cos f = a\cos E - ae \\ y = r\sin f = b\sin E = a\sqrt{1-e^2}\sin E \end{cases} \tag{3-33}$$

第二个方程可以通过将第一个方程代入椭圆标准方程（$x^2/a^2 + y^2/b^2 = 1$）中得到，去掉含有 e 的微小的量（一般对于卫星 $e < 1$），这里 b 为椭圆的短半轴。轨道方程可由变量 E 表示为

$$r = a(1 - e\cos E) \tag{3-34}$$

真近点角和偏近点角之间的关系可由式（3-33）和式（3-34）推导得到

$$\tan\frac{f}{2} = \frac{\sin f}{1 + \cos f} = \frac{\sin E}{1 + \cos E}\frac{\sqrt{1-e^2}}{1-e^2} = \frac{\sqrt{1-e}}{\sqrt{1+e}}\tan\frac{E}{2} \tag{3-35}$$

如果将 xyz 坐标系进行旋转使得 xy 面与轨道面重合，则面速度公式（3-9）和式（3-10）在 z 轴方向只有一个分量，即

$$x\dot{y} - y\dot{x} = h = \sqrt{\mu a(1-e^2)} \tag{3-36}$$

由式（3-33）可得

$$\dot{x} = -a\sin E\frac{\mathrm{d}E}{\mathrm{d}t}$$

$$\dot{y} = a\sqrt{1-e^2}\cos E\frac{\mathrm{d}E}{\mathrm{d}t} \tag{3-37}$$

将式（3-33）和式（3-37）代入式（3-36）并考虑式（3-32），可得 E 和 T 之间的关系为

$$(1 - e\cos E)\mathrm{d}E = \sqrt{\mu}a^{-3/2}\mathrm{d}t = n\mathrm{d}t \tag{3-38}$$

设在时刻 t_p 卫星位于近地点，即 $E(t_p) = 0$，且对于任意时刻 t，$E(t) = E$，对式（3-38）从 0 到 E 进行积分，即从 t_p 到 t 可得

$$e - e\sin E = M \tag{3-39}$$

其中，

$$M = n(t - t_p) \tag{3-40}$$

式（3-39）为开普勒方程。E 为 M 的函数，也就是 t 的函数。利用式（3-34），开普勒方程将 r 间接转化为 t 的函数。M 称为平近点角。M 采用平均角速度 n 来描述卫星绕地球的轨道运动。t_p 被称为近地点时刻，是卫星在中心力场内运动方程的第六个轨道常数。

在 M 已知的情况下，通过迭代法可对开普勒方程进行求解。由于 e 的值很小，方程很快就可以收敛。

通过式（3-35）和式（3-39）的关系可知，真近点角 f、偏近点角 E 和平近点角 M 是等价的。它们是 t 的函数（包括近地点时刻 t_p），描述了在地心轨道平面坐标系中卫星随时间的位置变化。

3.1.3　卫星的状态矢量

考虑到轨道的右手坐标系：如果 xy 面为轨道面，x 轴指向近地点角，z 轴指向矢量 $\vec{h}$，原点在地心上，则可得到卫星的位置矢量。

$$q = \begin{bmatrix} a(\cos E - e) \\ a\sqrt{1-e^2}\sin E \\ 0 \end{bmatrix} = \begin{bmatrix} r\cos f \\ r\sin f \\ 0 \end{bmatrix} \tag{3-41}$$

对式（3-41）在时间 t 求微分并考虑式（3-38），卫星的速度矢量可表示为

$$\dot{q} = \begin{bmatrix} -\sin E \\ \sqrt{1-e^2}\cos E \\ 0 \end{bmatrix} \frac{na}{1-e\cos E} = \begin{bmatrix} -\sin f \\ e+\cos f \\ 0 \end{bmatrix} \frac{na}{\sqrt{1-e^2}} \tag{3-42}$$

上式的第二部分可由 E 和 f 之间的关系推导出。卫星在轨道坐标系中的状态矢量可通过三次旋转变换到 ECSF 坐标系中。首先，顺时针绕第三轴旋转，将近地点转到升交点，可表示为 $R_3(-\omega)$；其次，顺时针绕第一轴旋转倾角 i 可表示为 $R_1(-i)$；最后，顺时针绕第三轴旋转，从升交点转到春分点可表示为 $R_3(-\Omega)$。因此，可得到卫星在 ECSF 坐标系中状态矢量：

$$\begin{pmatrix} \vec{r} \\ \dot{\vec{r}} \end{pmatrix} = R_3(-\Omega)R_1(-i)R_3(-\omega)\begin{pmatrix} \vec{q} \\ \dot{\vec{q}} \end{pmatrix} \tag{3-43}$$

其中，

$$\vec{r} = \begin{pmatrix} x \\ y \\ z \end{pmatrix}, \qquad \dot{\vec{r}} = \begin{pmatrix} \dot{x} \\ \dot{y} \\ \dot{z} \end{pmatrix}$$

考虑到在 t_0 时刻的开普勒六参数，其中 $M_0 = n(t_0 - t_p)$，则 t 时刻的卫星状态矢量就可通过如下步骤得到：

（1）用式（3-32）计算平均角速度 n；

（2）用式（3-40）、式（3-39）、式（3-33）和式（3-30）计算近地点角 M、E、f 和 r；

（3）用式（3-41）和式（3-42）计算轨道坐标系下状态矢量 $\vec{q}$ 和 $\dot{\vec{q}}$；

（4）用式（3-43）将状态矢量 $\vec{q}$ 和 $\dot{\vec{q}}$ 旋转到 ECSF 坐标系下。

在实际中，开普勒参数在任意时间都可得到。例如，对于 t_0 时刻，只有 f 是 t_0 的函数，其他参数都为常数。在这种情况下，通过式（3-35）和式（3-39）可求出 E 和 M 的值，而 t_p 可通过式（3-40）求出。

由式（3-42）可得到

$$v^2 = \frac{a^2 n^2}{(1-e\cos E)^2}\left[\sin^2 E + (1-e^2)\cos^2 E\right] = \frac{a^2 n^2(1+e\cos E)}{1-e\cos E} \tag{3-44}$$

由式（3-32）和式（3-34）可求得

$$v^2 = \frac{\mu(1+e\cos E)}{r} = \frac{\mu(2-r/a)}{r} = \mu\left(\frac{2}{r}-\frac{1}{a}\right) \tag{3-45}$$

式中，$v^2/2$ 为以质量表示的动能，μ/r 为势能，a 为椭圆的长半轴。这就是力学的总能量守恒定律。

采用 $R_3(-\omega)$ 对向量 $\vec{q}$ 和 $\dot{\vec{q}}$ 进行旋转，并用 $\vec{p}$ 和 $\dot{\vec{p}}$ 表示，即有

$$\vec{p} = \begin{pmatrix} p_1 \\ p_2 \\ p_3 \end{pmatrix} = R_3(-\omega)\begin{pmatrix} r\cos f \\ r\sin f \\ 0 \end{pmatrix}\begin{pmatrix} r\cos(\omega+f) \\ r\sin(\omega+f) \end{pmatrix} \tag{3-46}$$

$$\dot{\vec{p}} = \begin{pmatrix} \dot{p}_1 \\ \dot{p}_2 \\ \dot{p}_3 \end{pmatrix} = R_3(-\omega)\begin{pmatrix} -\sin f \\ e+\cos f \\ 0 \end{pmatrix}\frac{na}{\sqrt{1-e^2}} = \begin{pmatrix} -\sin(\omega+f)-e\sin\omega \\ \cos(\omega+f)+e\cos\omega \\ 0 \end{pmatrix}\frac{na}{\sqrt{1-e^2}} \tag{3-47}$$

式（3-43）的反向问题，即给出了卫星的正交状态向量 $(\vec{r} \quad \dot{\vec{r}})^T$ 来计算开普勒参数，可通过

以下方法来计算。$\omega + f$ 称为升交角距，用 u 来表示。

（1）采用给出的状态向量来计算模 r 和 v（$r = |\vec{r}|$，$v = |\vec{v}|$）；

（2）采用式（3-10）和式（3-11）来计算向量 $\vec{h}$ 和它的模 h；

（3）采用式（3-13）和式（3-14）来计算倾角 i 和升交点赤经 Ω；

（4）采用式（3-45）、式（3-29）和式（3-32）来计算长半轴 a、偏心率 e 和平均角速度 n；

（5）采用 $\vec{p} = R_1(i) R_3(\Omega) \vec{r}$ 对 $\vec{r}$ 进行旋转，并用式（3-46）来计算 $\omega + f$；

（6）采用 $\dot{\vec{p}} = R_1(i) R_3(\Omega) \dot{\vec{r}}$ 对 $\dot{\vec{r}}$ 进行旋转，并用式（3-47）来计算 ω 和 f；

（7）采用式（3-33）、式（3-39）和式（3-40）来计算 E、M 和 t_p。

3.2　卫星的受摄运动

卫星的开普勒运动假设卫星只受到地球中心引力的吸引。对卫星来说，地球并不能看作一个质点或一个匀质的球体。地球的所有引力包括中心引力和非中心引力。其中，非中心引力也称为地球的摄动力，它的量级为中心引力的 10^{-4}。影响卫星运动的其他引力称为摄动力，包括太阳、月球和地球潮汐的引力、太阳辐射压力以及大气阻力等。卫星的运动可看作一个标准的运动（例如开普勒运动）加上一个受摄运动。

如果我们继续采用开普勒参数来描述卫星的运动，那么所有的参数都可表示为时间的函数。开普勒参数 $\Omega(t)$、$i(t)$、$\omega(t)$、$a(t)$、$e(t)$、$M(t)$ 可用 $\sigma_j(t)$，$j = 1, 2, \cdots, 6$ 来表示。故多项式可近似表示为

$$\sigma_j(t) = \sigma_j(t_0) + \left.\frac{\mathrm{d}\sigma_j(t)}{\mathrm{d}t}\right|_{t=t_0} (t - t_0) + \cdots, \qquad j = 1, 2, \cdots, 6 \qquad (3\text{-}48)$$

也可以说，受摄运动轨道可进一步用开普勒参数表示，但所有参数都为时间的变量。如果给出了初始参数和它们的变化率，则瞬时参数就可求得。这种原理在广播星历中被广泛采用。

详细的摄动理论、轨道修正以及定轨比较复杂，本书不做进一步的介绍，可参考天体力学等专门的文献。

3.3　GPS 广播星历

GPS 广播星历为预报、预测或外推的卫星的轨道数据，它是卫星以导航电文的形式发送给接收机。因为外推特性，所以广播星历在精密应用中并不能保证足够高的质量。一系列相对简单的摄动开普勒参数对预测的轨道曲线拟合并发送给用户。

广播信息为：

- SV—id：卫星编号；
- t_c：卫星时钟的参考历元；
- a_0、a_1、a_2：钟差的多项式系数；
- t_{oe}：星历参考历元；
- $\sqrt{a}$：椭圆轨道长半轴的平方根；
- e：椭圆的偏心率；
- M_0：在参考历元的平近点角；
- ω_0：近地点角度；
- i_0：轨道平面倾角；

- Ω_0：升交点赤经；
- Δn：平均运动的校正值；
- idot：倾角的变化率；
- $\dot{\Omega}$：升交点赤经的变化率；
- C_{uc}、C_{us}：校正系数（升交角距）；
- C_{rc}、C_{rs}：校正系数（地心距离）；
- C_{ic}、C_{is}：校正系数（倾角）。

在历元 t 卫星的位置可通过如下计算：

$$M = M_0 + \left(\sqrt{\frac{\mu}{a^3}} + \Delta n \right)(t - t_{oe})$$

$$\Omega = \Omega_0 + \dot{\Omega}(t - t_{oe})$$

$$\omega = \omega_0 + C_{uc}\cos 2u_0 + C_{us}\sin 2u_0 \tag{3-49}$$

$$r = r_0 + C_{rc}\cos 2u_0 + C_{rs}\sin 2u_0$$

$$i = i_0 + C_{ic}\cos 2u_0 + C_{is}\sin 2u_0 + \text{idot}(t - t_{oe})$$

式中，

$$E = E + e\sin E$$

$$r_0 = a(1 - e\cos E)$$

$$f = 2\arctan\left(\frac{\sqrt{1 + e}}{\sqrt{1 - e}}\tan\frac{E}{2} \right) \tag{3-50}$$

$$u_0 = \omega_0 + f$$

μ 为地球的引力常数（可参考 IERS 常数表）。卫星在轨道平面坐标系（第一个轴指向升交点，第三个轴垂直于轨道面，第二个轴构成右手直角坐标系）中的位置为

$$\begin{pmatrix} x' \\ y' \\ z' \end{pmatrix} = \begin{pmatrix} r\cos u \\ r\sin u \\ 0 \end{pmatrix}$$

式中，$u = \omega + f$。采用 $R_3(-\Omega)\,R_1(i)$ 将位置向量旋转到 ECSF 坐标系，采用 $R_3(\Theta)$ 旋转到 ECEF 坐标系，其中 Θ 表示格林尼治恒星时：

$$\Theta = \omega_e(t - t_{oc}) + \omega_e t_{oc} \tag{3-51}$$

式中，ω_e 为地球角速度（可参考 IERS 常数表）。卫星在 ECEF 坐标系的位置为

$$\begin{pmatrix} x \\ y \\ z \end{pmatrix}_{\text{ECEF}} = R_3(-\Omega + \Theta)R_1(-i)\begin{pmatrix} r\cos u \\ r\sin u \\ 0 \end{pmatrix} \tag{3-52}$$

式（3-50）第一个式子为开普勒方程，可通过迭代的方法求解。需要注意的是，上面提到的时间 t 应为信号的发射时刻。$t - t_{oe}$ 应为两个时间历元之间实际的全部时间差，必须对星期交接时的起始和结束进行考虑。也就是说，如果差值大于（或小于）302 400 s，则要相应地减去（或加上）604 800 s。卫星钟差可由下式计算（用 k 表示卫星的编号）：

$$\delta t_k = a_0 + a_1(t - t_c) + a_2(t - t_c)^2 \tag{3-53}$$

时间的单位采用秒（s），计算的钟差单位为 10^{-6} s。

3.4　IGS 精密星历

GPS 卫星的精密轨道可通过国际 GNSS 服务组织（IGS）以事后处理的形式得到。这些轨道数据称为 IGS 精密星历。它可以从一些互联网主页上免费下载。

IGS 的数据是基于 ECEF 坐标系的。它给出了所有卫星的 x、y 和 z 轴的位置向量（单位为千米）以及对应的钟差（单位为 10^{-6} s）。数据以适当的时间间隔更新一次（15 min）。

为了获得某个历元的星历，采用拉格朗日多项式对数据进行拟合，并在该历元进行插值。经典的拉格朗日多项式为

$$y(t) = \sum_{j=0}^{m} L_j(t) y(t_j) \tag{3-54}$$

式中，

$$L_j(t) = \prod_{k=0}^{m} \frac{t - t_k}{t_j - t_k}, \qquad k \neq j \tag{3-55}$$

式中，符号 $\prod$ 表示从 $k=0$ 到 $k=m$ 的相乘运算；m 表示多项式的阶数；$y(t_j)$ 为在时刻 t_j 给出的数据；$L_j(t)$ 为 m 阶基准函数；t 为插值时间。通常，t 应被置于时间段（t_0，t_m）中间附近。因此，经常选 m 为奇数。对于 IGS 轨道插值，一个标准 m 的经验值为 7 或 9。

对于等距离的拉格朗日插值，有

$$t_k = t_0 + k\Delta t$$
$$t - t_k = t - t_0 - k\Delta t$$
$$t_j - t_k = (j - k)\Delta t$$

故

$$L_j(t) = \prod_{k=0}^{m} \frac{t - t_0 - k\Delta t}{(j - k)\Delta t}, \qquad k \neq j \tag{3-56}$$

式中，Δt 为数据间隔。

为了采用与 IGS 类似的方法处理广播星历，可能要先对广播轨道进行计算，并转换成 IGS 格式以便于使用。

目前，预报精密星历也可免费下载。

3.5　GLONASS 星历

GLONASS 广播星历为预报、预测或外推的卫星的轨道数据，它是卫星以导航电文的形式发送给接收机。广播信息包括卫星个数、星历参考历元、相对频率偏移、卫星钟差、卫星位置、卫星速度、卫星加速度、相对于 UTC_{SU} 的时间系统改正、GLONASS 时间和 GPS 时间的差值等。

可利用位置、速度和加速度数据在某历元 t 采用 3.4 节讨论的拉格朗日多项式对卫星的位置和速度进行差值。

类似的，精密 GLONASS 星历也可以得到。它的数据与 GPS 的格式有些相似，包括 GLONASS 时间和 GPS 时间的时间差信息。

第4章

GNSS 卫星信号和导航电文

★学习目标

1. 了解 GPS 卫星信号的结构、产生方法；
2. 掌握 GPS 卫星导航电文的主要内容；
3. 掌握卫星位置的计算方法；
4. 了解 GNSS 接收机的工作原理。

★本章概述

　　卫星在空中的轨道信息可以通过广播电文的形式发送给用户，也可以通过其他途径以精密星历的形式获取。当前应用最多的就是美国的 GPS，卫星信号以 GPS 为例进行讲解。GNSS 接收机主要由 GNSS 接收机天线单元、GNSS 接收机主机单元和电源三部分组成。

4.1　GPS 卫星的导航电文

　　CPS 卫星的导航电文（简称卫星电文）是用户用来定位和导航的数据基础。它主要包括卫星星历、时钟改正、电离层时延改正、工作状态信息以及 C/A 码转换到捕获 P 码的信息。这些信息是以二进制码的形式，按规定格式组成，按帧向外播送。卫星电文又叫作数据码（D 码），它的基本单位是长 1 500 bit 的一个主帧（图4-1），传输速率为 50 bit/s，30 s 传送完毕一个主帧。一个主帧包括 5 个子帧，第 1、2、3 子帧各有 10 个字码，每个字码 30 bit；第 4、5 子帧各有 25 个页面。第 1、2、3 子帧每 30 s 重复一次，其内容每小时更新一次。第 4、5 子帧需要 750 s（12.5 min）才能够传送完，然后重复，其内容仅在卫星注入新的导航数据后才得以更新。

4.1.1　遥测码

　　遥测码（Telemetry Word，TLW）位于各子帧的开头，用来表明卫星注入数据状态。遥测码的第 1~8 bit 是同步码，使用户便于解释导航电文；第 9~22 bit 为遥测电文，其中包括地面监控系统注入数据时的状态信息、诊断信息和其他信息。第 23 和第 24 bit 是连接码；第 25~30 bit 为奇偶检验码，用于发现和纠正错误。

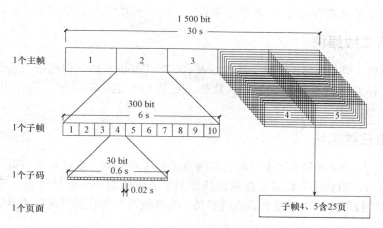

图 4-1　卫星电文的基本构成图

4.1.2　转换码

转换码（Hand Over Word，HOW）位于每个子帧的第二个字码。其作用是提供帮助用户从所捕获的 C/A 码转换到捕获 P 码的 Z 计数。Z 计数实际上是一个时间计数，它以从每星期起始时刻开始播发的 D 码子帧数为单位，给出了一个子帧开始瞬间的 GPS 时间。由于每个子帧持续时间为 6 s，所以下一个子帧开始的时间为 $6 \times Z$ s，用户可以据此将接收机时钟精确对准 GPS 时，并快速捕获 P（y）码。

4.1.3　第一数据块

第一数据块位于第 1 子帧的第 3～10 字码，它的主要内容包括：①标识码，时延差改正；②星期序号；③卫星的健康状况；④数据龄期；⑤卫星时钟改正系数等。

1. 时延差改正 T_{gd}

时延差改正 T_{gd} 表示信号在卫星内部的时延差（$T_{P_1} - T_{P_2}$），即 P_1（y_1），P_2（y_2）码从产生到卫星发射天线所走时间的差异。

2. 数据龄期 AODC

卫星时钟的数据龄期 AODC 是时钟改正数的外推时间间隔，它指明卫星时钟改正数的置信度。

$$AODC = t_{oc} - t_l \tag{4-1}$$

式中，t_{oc} 为第一数据块的参考时刻；t_l 是计算时钟改正参数所用数据的最后观测时间。

3. 星期序号 WN

WN 表示从 1980 年 1 月 6 日子夜零点（UTC）起算的星期数，即 GPS 星期数。

4. 卫星时钟改正

GPS 时间系统以地面主控站的主原子钟为基准。由于主控站主钟的不稳定性，使得 GPS 时间和 UTC 时间之间存在差值。地面监控系统通过监测确定出这种差值，并用导航电文播发给广大用户。

每一颗 GPS 卫星的时钟相对 GPS 时间系统存在差值，需加以改正，这便是卫星时钟改正。

$$\Delta t_s = a_0 + a_1(t - t_{oc}) + a_2(t - t_{oc})^2 \tag{4-2}$$

式中，a_0 为卫星钟差（s），a_1 为卫星钟速（s/s），a_2 为卫星钟速度率（s/s²）。

4.1.4 第二数据块

第二数据块包含第 2 和第 3 子帧，其内容表示 GPS 卫星的星历，即描述卫星运行及其轨道参数的信息，提供有关计算卫星运行位置的数据，它是 GPS 卫星向导航、定位用户播发的主要电文。

4.1.5 第三数据块

第三数据块包括第 4 和第 5 两个子帧，其内容包括所有 GPS 卫星的历书数据。当接收机捕获到某颗 GPS 卫星后，根据第三数据块提供的其他卫星的概略星历、时钟改正、卫星工作状态等数据，用户可以选择工作正常和位置适当的卫星，并且较快地捕获到所选择的卫星。

1. 第 4 子帧

（1）第 2~5、7~10 页面提供第 25~32 颗卫星的历书；

（2）第 17 页面提供专用电文，第 18 页面给出电离层改正模型参数和 UTC 数据；

（3）第 25 页面提供所有卫星的型号、防电子对抗特征符和第 25~32 颗卫星的健康状况；

（4）第 1、6、11、12、16、19~24 页面做备用，第 13~15 页面为空闲页。

2. 第 5 子帧

（1）第 1~24 页面给出第 1~24 颗卫星的历书。

（2）第 25 页面给出第 1~24 颗卫星的健康状况和星期编号。在第三数据块中，第 4 和第 5 子帧的每个页面的第 3 字码，其开始的 8 bit 是识别字符，且分成两种形式：第 1 和第 2 bit 为电文识别（DATA ID）；第 3~8 bit 为卫星识别（SV ID）。

4.2　GPS 卫星信号

4.2.1 概述

GPS 卫星信号是 GPS 卫星向广大用户发送的用于导航定位的调制波，它包含载波、测距码和数据码。时钟基本频率为 10.23 MHz。GPS 信号的产生如图 4-2 所示。

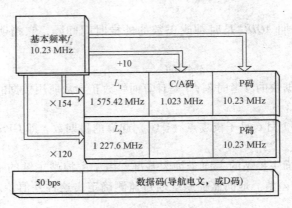

图 4-2　GPS 信号的产生

GPS 使用 L 波段的两种载频：

L_1 载波：$f_{L_1} = 154 \times f_0 = 1\,574.42$ MHz，波长 $\lambda_1 = 19.032$ cm。

L_2 载波：$f_{L_2} = 154 \times f_0 = 1\,227.6$ MHz，波长 $\lambda_2 = 24.42$ cm。

选择这两个载频，目的在于测量出或消除掉由于电离层效应而引起的延迟误差。在无线电通信技术中，为了有效地传播信息，都是将频率较低的信号加载在频率较高的载波上，此过程称为调制。然后，载波携带着有用信号传送出去，到达用户接收机。

GPS 卫星的测距码和数据码是采用调相技术调制到载波上的。调制码的幅值只取 0 或 1。如果当码值取 0 时，对应的码状态取为 +1，而码值取 1 时，对应的码状态取为 -1，那么载波和相应的码状态相乘后便实现了载波的调制。这时，当载波与码状态 +1 相乘时，其相位不变，而当与码状态 -1 相乘时，其相位改变 180°。所以，当码值从 0 变为 1 或从 1 变为 0 时，都将使载波相位改变 180°。这时的载波信号实现了调制码的相位调制（图 4-3）。

根据这一原理，CPS 中的三种信号将按图 4-4 的路线进行合成，然后向全球发射，形成今天随时都可以接收到的 GPS 信号。在 L_1 载波上由数据流和两种伪随机码分别以同相和正交方式进行调制，其信号结构为

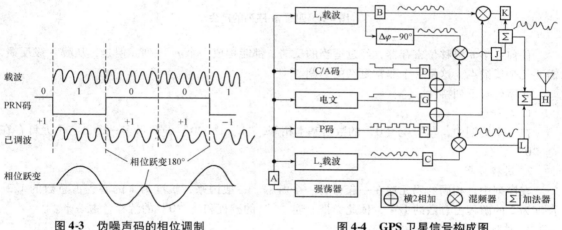

| 图 4-3　伪噪声码的相位调制 | 图 4-4　GPS 卫星信号构成图 |

$$S_{L_1}^i(t) = A_P P_i(t) D_i(t) \cdot \cos(\omega_{L_1} t + \varphi_1) + A_C C_i(t) D_i(t) \cdot \sin(\omega_{L_1} t + \varphi_1) \tag{4-3}$$

在 L_2 载波上，只有 P 码进行双相调制，其信号结构为

$$S_{L_2}^i(t) = B_P P_i(t) D_i(t) \cdot \cos(\omega_{L_2} t + \varphi_2) \tag{4-4}$$

式中，A_P、B_P、A_C 分别为 P 码和 C/A 码的振幅；

$P_i(t)$、$C_i(t)$ 分别为精码和粗码；

$D_i(t)$ 为数据码；

ω_{L_1}、ω_{L_2} 为载波 L_1 和 L_2 的角频率；

φ_1、φ_2 为信号的起始相位。

从图 4-4 看出，卫星发射的所有信号分量都是由同一基本频率 f_0（A 点）产生的，其中包括：载波 L_1（B 点），L_2（C 点），粗测距码 C/A（D 点），精测距码（F 点）和数据码（G 点）。其经卫星发射天线（H 点）发射出去。发射的信号分量包括 $L_1 - $ C/A 码（J 点）、$L_1 - $ P 信号（K 点）、$L_2 - $ P 信号（L 点）。

4.2.2 伪随机噪声码的产生及特点

伪随机噪声码又叫作伪随机码或伪噪声码，简称 PRN，是一个具有一定周期的取值 0 和 1 的离散符号串。它不仅具有高斯噪声所有的良好的自相关特征，而且具有某种确定的编码规则。GPS 信号中使用了伪随机码编码技术，识别和分离各颗卫星信号，并提供无模糊度的测距数据。

伪随机码的产生方式很多。GPS 技术采用 m 序列，即产生于最长线性反馈移位寄存器。下面以一个由四级反馈移位寄存器组成的 m 序列为例，如图 4-5 所示。假设初始状态为 $(a_3, a_2, a_1, a_0) = (1, 0, 0, 0)$，则在每移一位时，由 a_3 和 a_0 模 2 相加，产生新的输入 $a_3 \oplus a_0$，使状态变为 $(1, 1, 0, 0)$。这样移位 15 次，又回到初始状态。在完成这一过程中，其输出端产生一个随机码——000111101011001。

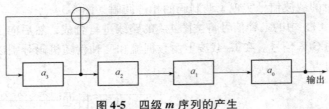

图 4-5　四级 m 序列的产生

任何一个 n 级移位寄存器，经过适当的反馈，都能构成一个 m 序列。但是，从哪一级反馈，需要几个反馈点，这是一个非常复杂的问题。

m 序列有下列特性：

1. 均衡性

在一个周期中，"1" 与 "0" 的数目基本相等，"1" 比 "0" 的数目多一个。它不允许存在全 "0" 状态。

2. 游程分布

在序列中，相同的码元连在一起称为一个游程。一般说来，长度为 1 的游程占总数的 1/2，长度为 2 的游程占总数的 1/4，依此类推。连 "1" 的游程和连 "0" 的游程各占一半。

3. 移位相加特性

一个 m 序列 m_p 与其经过任意次延迟移位产生的另一个序列 m_r 模 2 相加，得到的 m_s 仍是 m 序列，即

$$m_p \oplus m_r = m_s \tag{4-5}$$

4. 自相关函数

根据自相关函数的定义，可求得 m 序列的自相关函数：

$$R(j) = \frac{A - D}{A + D} = \frac{A - D}{m} \tag{4-6}$$

式中，A 为 m 序列与其 j 次移位序列一个周期中对应元素相同的数目；D 为 m 序列与其 j 次移位序列一个周期中对应元素不同的数目；$m = 2^n - 1$ 为 m 序列的周期。

根据以上 m 序列的特性，其自相关函数为

$$R(j) = \begin{cases} 1, & \text{当 } j = 0, \pm m, \pm 2m, \cdots \\ -\dfrac{1}{m}, & \text{当 } j \neq 0, \pm m, \pm 2m, \cdots \end{cases} \tag{4-7}$$

现将 m 序列的自相关函数示于图 4-6。由此图可以看出，m 序列的自相关函数只有两种取

值：1 或 $-1/m$。这一特性非常重要。GPS 信号接收机就是利用这一特征使所接收的伪噪声码和机内产生的伪噪声码达到对齐同步，进而捕获和识别来自不同 GPS 卫星的伪噪声码，解译出它们所传送的导航电文，测定从卫星到测站之间的距离等。

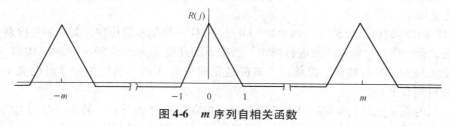

图 4-6　m 序列自相关函数

5. 伪噪声特性

如果我们对随机噪声取样，并将每次取样按次序排成序列，就会发现其功率谱为正态分布。由此形成的随机码具有噪声码的特性。m 序列在出现概率、游程分布和自相关函数等特性上与随机噪声十分相似。正因为这样，我们将 m 序列称为伪随机码，或人工能复制出来的噪声码。

4.2.3　粗码 C/A 码

C/A 码是用于粗测距和捕获 GPS 卫星信号的伪随机码。它是由两个 10 级移位寄存器产生两个伪随机码：G1 和 G2。G2 平移 1~1 023 码元，得 1 023 个断码，与 G1 模 2 相加。不同卫星用不同码。C/A 码特征如下：

钟频：1.023 MHz；

码元宽度：0.977 52 μs；

码长：$2^{10} - 1 = 1\,023$（bit）；

周期：0.977 52 μs × 1 023 = 1 ms；

测尺长度：300 km；

测时精度：0.977 52 μs/100 = 0.009 775 2 μs；

测距精度：299 792 458 m/s × 9.775 2 × 10⁻⁹ s = 2.93 m。

由于 C/A 码的码长较短，容易捕获，且能通过 C/A 码提供的信息方便地捕获 P 码，故 C/A 码又称捕获码。

4.2.4　精码 P（y）码

P 码是卫星的精测码，码率为 10.23 MHz。它由两个 12 级反馈移位寄存器构成。在频率 $f_2 = f_0 = 10.23$ MHz 钟脉冲的驱动下，产生 37 个互异的 P 码相位。其中 32 个分给不同的卫星使用，5 个分给地面监控系统使用。由于 P 码的码长极其冗长，需要 267 d 才重复一次。因此，实际应用中 P 码序列每个星期被重置。P 码的实际长度为 7 d，每颗卫星使用相位相异的 P 码序列，结构虽不同，但周期都是 7 d，码长为 6 187 104 000 000 码元。实际应用中通常是先捕获 C/A 码，再根据导航电文中提供的信息来确认当前 P 码信号在整个码序列中的位置。P 码特征如下：

钟频：10.23 MHz；

码元宽度：0.097 752 μs；

码长：2.35 × 10¹⁴ bit；

周期：0.097 752 μs × 2.35 × 10¹⁴ = 267 d；

测时精度：0.097 752 μs/100 = 9.775 2 × 10⁻¹⁰ s；

测距精度：$299\ 792\ 458$ m/s $\times 9.775\ 2\times 10^{-10}$ s $=0.293$ m。

美国国防部从 1994 年开始实施了 AS 政策（反电子欺骗技术，Anti-Spoofing），即在 P 码上增加了一个极度保密的 W 码，形成了新的 Y 码，绝对禁止非特许用户使用。

P 码特征如下：

（1）因为 P 码的码长较长（6.19×10^{12} bit），在 GPS 导航和定位中，如果采用搜索 C/A 码的办法来捕获 P 码，即逐个码元依次进行搜索，当搜索的速度仍为每秒 50 码元时，约需 14×15^5 d，那将是无法实现的，不易捕获。因此，一般都是先捕获 C/A 码，然后根据导航电文中给出的有关信息，便可捕获 P 码。

（2）P 码的码元宽度 $t_0=1/f=0.097\ 752$ μs，相应长度为 29.3 m。若两个序列的码元相关误差仍为码元宽度的 $1/10\sim 1/100$，则此时所引起的测距误差仅为 $2.93\sim 0.293$ m，仅为 C/A 码的 $1/10$。所以，P 码可用于较精密的导航和定位，称为精码。

4.3　GNSS 接收机基本工作原理

GNSS 接收机是接收全球导航卫星信号并确定地面空间位置的仪器。全球导航卫星发送的导航定位信号，是一种可供无数用户共享的信息资源。拥有能够接收、跟踪、变换和测量全球导航卫星信号的接收设备，即全球导航卫星信号接收机。在测绘工程应用中，GNSS 接收机主要用于导航与位置服务。例如，现在流行的智能手机中都有 GPS 定位功能，与电子地图结合起来，可以用手机进行导航。随着 GNSS 技术的不断发展，GNSS 接收机的生产厂商有数十家，生产的 GNSS 接收机型号多达几百种，我国的 GNSS 接收机制造商队伍也在不断壮大。表4-1 所示是国内外常见的 GNSS 接收机。

表 4-1　国内外常见的 GNSS 接收机

产品型号	GNSS 性能	测量性能及精度
徕卡 Viva GS15	120 个通道 可同时跟踪最多卫星数：60 卫星信号跟踪：GPS、GLONASS、GALILEO、BeiDou 卫星最新捕获时间：<1 s 点位延迟：典型 0.02 s	DGPS/ RTCM 精度：25 cm RTK 精度：水平 8 mm + 1 ppm 　　　　　垂直 15 mm + 1 ppm 后处理精度：水平 3 mm +0.3 ppm 　　　　　　垂直 5 mm +0.3 ppm 置信度：>99.99% 初始化时间：4 s（典型）
Trimble R10	440 个通道 卫星信号跟踪：GPS、GLONASS、GALILEO、BDS	RTD 精度：水平 0.25 m +1 ppm 　　　　　垂直 0.50 m +1 ppm RTK 精度：水平 8 mm +1 ppm 　　　　　垂直 15 mm +1 ppm 后处理精度：水平 3 mm +0.1 ppm 　　　　　　垂直 3.5 m +0.4 ppm
Topcon GR-5	240 个通道 卫星信号跟踪：GPS、GLONASS、GALILEO、BDS	DGPS：平面 40 cm，垂直 40 cm RTK 精度：水平 10 mm +1 ppm 　　　　　垂直 15 mm +1 ppm 后处理精度：水平 3 mm +0.5 ppm 　　　　　　垂直 5 mm +0.5 ppm

产品型号	GNSS 性能	测量性能及精度
南方 S82-2013T	220 个通道 卫星信号跟踪：GPS、GLONASS、GALILEO、BDS	DGPS/ RTCM 精度：25 cm RTK 精度：水平 10 mm＋1 ppm 　　　　　垂直 15 mm＋1 ppm 后处理精度：水平 2.5 mm＋1 ppm 　　　　　垂直 5 mm＋1 ppm 定位输出频率：1～20 Hz 初始化时间：＜10 s
中海达 iRTK	220 个通道 卫星信号跟踪：GPS、GLONASS、GALILEO、BDS	RTK 精度：水平 10 mm＋1 ppm 　　　　　垂直 20 mm＋1 ppm 后处理精度：水平 2.5 mm＋1 ppm 　　　　　垂直 5 mm＋1 ppm PPP 定位精度：平面 0.1 m，高程 0.2 m 初始化时间：10 s
科力达风云 K9	220 个通道 卫星信号跟踪：GPS、GLONASS、GALILEO、BDS	DGPS：平面 40 cm，垂直 40 cm RTK 精度：水平 10 mm＋1 ppm 　　　　　垂直 20 mm＋1 ppm 后处理精度：水平 3 mm＋1 ppm 　　　　　垂直 2 mm＋1 ppm

4.3.1　GNSS 接收机的分类

GNSS 接收机可以根据用途、工作原理、接收频率、接收不同类型全球导航卫星信号等进行分类。

4.3.1.1　按接收机的用途分类

根据 GNSS 接收机应用的不同，GNSS 接收机可分为导航型接收机、测地型接收机、授时型接收机。

1. 导航型接收机

导航型接收机主要用于运动载体的导航，它可以实时给出载体的位置和速度。这类接收机一般采用以测码伪距观测量的单点实时定位方式导航，精度较低，一般为 10 m 左右。导航型接收机价格很低，应用广泛。由于现在的智能手机都安装了 GPS 定位芯片，因而其是最常见的导航型接收机。根据应用领域的不同，导航型接收机可以进一步分为车载型（用于车辆导航定位）、航海型（用于船舶导航定位）、航空型（用于飞机导航定位，由于飞机运行速度快，因此，在航空上用的接收机要求能适应高速运动）、星载型（用于卫星的导航定位，由于卫星的运行速度高达 7 km/s，因此对接收机的要求更高）。

2. 测地型接收机

测地型接收机主要用于精密大地测量和精密工程测量。这类仪器主要采用载波相位观测值进行相对定位，定位精度可在厘米级甚至更高。测地型接收机仪器结构复杂，通常配备功能完善的处理软件，因此价格较高。目前，在 GNSS 技术开发和实际应用方面，国际上较为知名的生产厂商有美国 Trimble（天宝）导航公司、瑞士 Leica Geosystems（徕卡测量系统）、日本 Topcon（拓普康）公司、美国 Magellan［麦哲伦公司（原泰雷弦导航）］，国内有南方测绘、中海达、科力达、上海华测导航等。

3. 授时型接收机

授时型接收机主要利用 GNSS 卫星提供的高精度时间标准进行授时，常用于天文台、无线通信及电力网络中的时间同步。目前国防和国民经济中广泛使用 GPS 卫星授时系统，原因是价格低，使用方便，精度较高。但是，在重点行业和部门（军队、国家安全领域）单独并长期依赖使用一种授时手段是危险和不可靠的。于是，北斗、中国区域定位导航授时系统应运而生。在目前国家经济实力不断增长、国际政治形势风云变化以及台海局势多变的情况下，建立、完善和普及我们自己的导航授时系统是国家的立足之本。

4.3.1.2 按接收机接收的卫星信号分类

1. 单频接收机

单频接收机只能接收 L_1 载波信号，测定载波相位观测值进行定位。由于不能有效消除电离层延迟影响，单频接收机只适用于短基线（≤15 km）的精密定位。

2. 双频接收机

双频接收机可以同时接收 L_1、L_2 载波信号。利用双频对电离层延迟的不同可以消除电离层对电磁波信号的延迟影响，提高定位精度，因此双频接收机可用于长达几千千米的精密定位。

3. 码相位接收机

码相位接收机采用 C/A 码、P 码作为测距信号，测量卫星与接收机间的距离，利用空间后方交会方法进行定位。虽然码相位接收机可能利用卫星导航电文提供的参数，对观测量进行电离层折射影响的修正，但由于 C/A 码、P 码测距精度较差，所以码相位接收机主要用于导航型和手持低精度接收机。

4. 信标接收机

信标接收机可同时接收 GNSS 测距码信号和无线电指向标——差分全球定位系统信号，在 30 km 范围内仍然可以获得 1~3 m 实时定位结果。信标接收机主要用于沿海地区无线电指向标覆盖区域海上船只定位。

4.3.1.3 按接收机通道数分类

通道是指 GNSS 接收机跟踪卫星的通道数，通常一个通道对应一颗卫星。GNSS 接收机能同时接收多颗 GNSS 卫星的信号，以分离接收到的不同卫星信号，实现对卫星信号的跟踪、处理和量测。具有这些功能的器件称为天线信号通道。接收机根据所具有的通道种类可分为多通道接收机、序贯通道接收机和多路多用通道接收机。

1. 多通道接收机

多通道接收机具有多个信号通道，且每个信号通道只连续跟踪一颗卫星信号。来自太空的不同的 GNSS 卫星信号，分别用不同的通道同时且连续地进行测量和处理，从而获得不同卫星的观测量，以实现快速简单定位。

2. 序贯通道接收机

为了跟踪多个卫星信号，序贯通道接收机在相应软件的控制下，能按时序依次对各个卫星信号进行跟踪和测量。也就是序贯通道接收机是间断地同时跟踪多颗卫星，其间断跟踪的时间间隔在 20 ms 以上，所以其对卫星信号的跟踪是不连续的。

3. 多路多用通道接收机

多路多用通道接收机在相应软件的控制下，能间断地同时跟踪多颗卫星，按时序依次对所有观测卫星的信号进行量测。与序贯通道接收机最大的不同是，它间断跟踪的时间间隔小于 20 m，这样就可近似地视为对多颗卫星的连续观测，效率大大提高。

4.3.1.4　按工作原理分类

接收机根据工作原理可分为码相关型接收机、Z 跟踪技术接收机、窄距相关技术接收机、共同跟踪技术接收机和多星技术接收机。

1. 码相关型接收机

码相关型接收机的特点是能够产生与所测卫星测距码（C/A 码、P 码）结构完全相同的复制码。工作过程通过逐步相移，使接收机与复制码达到最大相关，以测定卫星信号到达用户接收机天线的传播距离。码相关型接收机的工作条件是必须掌握测距码的结构。

2. Z 跟踪技术接收机

Z 跟踪技术接收机是第二代接收机。GNSS 卫星的 L_1、L_2 载波相位完全独立，且信号强度增加，噪声减弱。C/A 码常规宽带相关伪距、P 码伪距或反电子欺骗政策（Antir-Spoofing，AS）条件下自动切换为 Ashtech 公司专利的 Z 码伪距，信号强度比互相关伪距强 10 倍。

3. 窄距相关技术接收机

窄距相关技术接收机是第三代接收机。在接收处理 GNSS 信号时，相关过程分为三步：在码发生器中除去产生准点码（P）外，还产生早码（E）和晚码（L），借助这三种码可确定相关函数。早码和晚码是在早或晚 $T/2$ 瞬间产生，此处 T 称为相关间距。由于生成这三种码，故可利用这三种码的自相关函数，也可在延迟锁相环（Delay Locked Loop，DLL）中，将本机码跟踪接收的卫星码，利用早、晚鉴别器，求出早、晚码自相关函数差。自相关函数差具有对称性，只要早、晚码鉴别器在零点附近呈线性特征，自相关函数差即可达到最大值。P 码伪距自动切换为 Navatel 公司专利的精码伪距，信号强度较互相关伪距强。窄距相关技术接收机 C/A 码达到 P 码的精度，而且多路径误差减小 $1/2$。

4. 共同跟踪技术接收机

共同跟踪技术接收机是第四代接收机。一般的 GNSS 接收机是通过单独的跟踪环对每一颗卫星分别进行跟踪的，所以跟踪了某一颗卫星，对其他卫星的跟踪没有任何帮助。这样在干扰比较严重和有遮挡的环境下，便无法很好地跟踪卫星信号，难以获得优良的测量数据。共同跟踪技术使用了双跟踪环，即由一个跟踪接收机坐标和时钟的公共跟踪环，以及 N 个单独跟踪环（跟踪 N 颗卫星的 N 个独立载波相位）组成的综合跟踪系统。

共同跟踪技术是把跟踪接收机及其时钟的动力学特性与跟踪每颗卫星的载波分离开来。首先利用公共跟踪环接收到的所有卫星信号的总场强，可以计算出接收机及其时钟的动力学特性，并进行补偿；然后根据每颗卫星的信号分别跟踪每颗卫星的载波。由于接收机及其时钟的动力学特性是利用总的能量跟踪到的，而不是利用某颗卫星信号自身的能量进行跟踪的，因此，共同跟踪技术可以快速准确地跟踪到接收机及其时钟的动力学特性。一旦掌握了该接收机及其时钟的动力学特性，当某颗卫星的信号很弱时，该接收机也能正确地跟踪其载波。使用共同跟踪技术的接收机具有下列优点：

（1）可跟踪信号强度较弱的卫星。

（2）可跟踪受到干扰信号影响的卫星。

（3）如果不是许多卫星都被遮挡，不会发生周跳。

（4）卫星再捕获可快至几毫秒。

（5）测量数据的质量比 Z 跟踪提高了 10 多倍，加快了对码信号强度卫星的初始跟踪能力。

5. 多星技术接收机

多星技术接收机是可以同时接收两种及两种以上卫星导航系统的卫星信号，使得在世界上任何地方和任何时候的陆、海、空用户都能准确测得它们的三维位置、三维速度和时间，甚至三维姿态参数，并确保它们具有稳定可靠的高精度。

4.3.1.5 按可接收不同卫星系统分类

1. 单星系统接收机

单星系统接收机是指只具有跟踪一种卫星导航系统能力的卫星信号接收机。例如早期的接收机只能接收美国的 GPS 卫星信号。

2. 双星系统接收机

双星系统接收机是指同时具有跟踪两种卫星导航定位系统能力的卫星信号接收机。目前，主要有 GPS、GLONASS 集成接收机，GPS、北斗集成接收机，最常见的是跟踪 GPS、GLONASS 这两种导航系统的双星接收机。双星系统接收机又分为单频 L_1 接收机和双频 L_1/L_2 接收机。

3. 三星和多星系统接收机

三星系统接收机是指同时具有跟踪 GPS、GLONASS 和 BDS 系统能力的卫星信号接收机。由于三星系统接收机搜星速度快、观测卫星数量多，可在遮挡较大的区域使用。多星系统接收机是指同时具有跟踪 GPS、GLONASS、GALILEO 和 BDS 四大卫星系统的所有可用信号的接收机。

目前，三星系统接收机已经完全市场化，国内的广东科力达、南方测绘、中海达等 GNSS 制造商均生产三星系统（GPS、GLONASS、BDS）兼容接收机，满足各种精确的定位应用。

4.3.2　GNSS 接收机的组成及工作原理

GNSS 接收机用于接收 GNSS 卫星发射的无线电信号，对信号进行放大处理，然后将电磁波信号转换为电流，并对这种信号电流进行放大和变频处理，再对经过放大和变频处理的信号进行跟踪、处理和测量，获取必要的导航定位信息和观测信息，并经数据处理以完成各种导航、定位以及授时任务。

GPS 接收机主要由 GPS 接收机天线单元、GPS 接收机主机单元和电源三部分组成。接收机主机由变频器、信号通道微处理器、存储器及显示器组成（图 4-7）。表 4-2 描述了 GNSS 接收机各部件的功能。

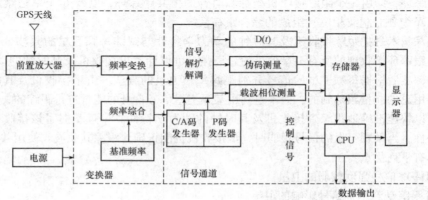

图 4-7　GPS 接收机原理图

表 4-2　GNSS 接收机各部件的功能

接收机部件		功能
硬件部分	天线单元	接收 GNSS 卫星发射的无线电信号，对信号进行放大处理，然后将电磁波信号转换为电流，并对这种信号电流进行放大和变频处理
	接收机单元	对经过放大和变频处理的信号进行跟踪、处理和测量
	电源	为天线和接收机单元供电
软件部分	内软件	控制接收机信号通道，按时序对各卫星信号进行量测的软件，以及固化在中央处理器中的操作程序等
	外软件	观测数据后处理的软件系统

4.3.2.1　GPS 接收机天线

天线由接收机天线和前置放大器两部分组成。天线的作用是将 GPS 卫星信号极微弱的电磁波能转化为相应的电流，而前置放大器是将 GPS 信号电流予以放大。为便于接收机对信号进行跟踪、处理和量测，对天线部分有以下要求：

（1）天线与前置放大器应密封一体，以保障其正常工作，减少信号损失；

（2）能够接收来自任何方向的卫星信号，不产生死角；

（3）有防护与屏蔽多路径效应的措施；

（4）天线的相位中心保持高度的稳定，并与其几何中心尽量一致。

GPS 接收机天线有下列几种类型：

1. 单板天线

单板天线结构简单、体积较小，需要安装在一块基板上，属单频天线。

2. 四螺旋形天线

四螺旋形天线由 4 条金属管线绕制而成，底部有一块金属抑制板。这种天线频带宽，全圆极化性能好，可捕捉低高度角卫星；缺点是不能进行双频接收，抗震性差，常用作导航型接收机天线。

3. 微带天线

微带天线是在厚度为 h（$h \leqslant \lambda$）的介质板两边贴以金属片，一边为金属底板，另一边做成矩形或圆形等规则形状。这种天线也称为贴片天线。微带天线的特点是高度低，自重轻，结构简单并且坚固，易于制造；既可用于单频机，又可用于双频机。其缺点是增益较低。目前大部分测地型天线都是微带天线。这种天线更适用于飞机、火箭等高速飞行物。

4. 锥形天线

锥形天线是在介质锥体上，利用印刷电路技术在其上制成导电圆锥螺旋表面，也称盘旋螺线型天线。这种天线可以同时在两个频率上工作。锥形天线的特点是增益好。但是由于其天线较高，并且在水平方向上不对称，天线相位中心与几何中心不完全一致。因此，在安置天线时要仔细定向并且要给予补偿。

GPS 天线接收来自 20 000 km 高空的卫星信号很弱，信号电平只有 $-50 \sim -180$ dB；输入功率信噪比为 $S/N = -30$ dB，即信号源淹没在噪声中。为了提高信号强度，一般在天线后端设有前置放大器。对于双频接收机设有两路前置放大器以减少带宽，控制外来信号干扰，以防止 f_1、f_2 信号干扰。大部分 GPS 天线都与前置放大器结合在一起，但也有些导航型接收机为减少天线质量、便于安置、避免雷电事故，而将天线和前置放大器分开。

4.3.2.2　接收机主机

1. 变频器及中频放大器

经过 GPS 前置放大器的信号仍然很微弱，为了使接收机通道得到稳定的高增益，并且使 L 频段的射频信号变成低频信号，必须采用变频器。

2. 信号通道

信号通道是接收机的核心部分，GPS 信号通道是硬软件结合的电路。不同类型的接收机的通道是不同的。

GPS 信号通道的作用如下：

（1）搜索卫星，牵引并跟踪卫星；

（2）对广播电文数据信号实行解扩，解调出广播电文；

（3）进行伪距测量、载波相位测量及多普勒频移测量。

从卫星接收到的信号是扩频的调制信号，所以要经过解扩、解调才能得到导航电文。为了达到此目的，在相关通道电路中设有伪码相位跟踪环和载波相位跟踪环。

3. 存储器

接收机内设有存储器或存储卡以存储卫星星历、卫星历书、接收机采集到的码相位伪距观测值、载波相位观测值及多普勒频移。目前，GPS 接收机都装有半导体存储器（简称内存），接收机内存数据可以通过数据接口传到微机上，以便进行数据处理和数据保存。存储器内还装有多种工作软件，如自测试软件、卫星预报软件、导航电文解码软件、GPS 单点定位软件等。

4. 微处理器

微处理器是 GPS 接收机工作的灵魂，GPS 接收机工作都是在微机指令统一协同下进行的。其主要工作步骤如下：

（1）接收机开机后首先对整个接收机工作状况进行自检，并测定、校正、存储各通道的时延值。

（2）接收机对卫星进行搜索，捕捉卫星。当捕捉到卫星后即对信号进行牵引和跟踪，并将基准信号译码得到 GPS 卫星星历。当同时锁定 4 颗卫星时，将 C/A 码伪距观测值连同星历一起计算测站的三维坐标，并按预置位置更新率计算新的位置。

（3）根据接收机内存储的卫星历书和测站近似位置，计算所有在轨卫星升降时间、方位和高度角。

（4）根据预先设置的航路点坐标和单点定位测站位置计算导航的参数、航偏距、航偏角、航行速度等。

（5）接收用户输入信号，如测站名、测站号、作业员姓名、天线高、气象参数等。

5. 显示器

GPS 接收机都有液晶显示器以提供 GPS 接收机工作信息，并配有一个控制键盘。用户可通过键盘控制接收机工作。对于导航接收机，有的还配有大显示器，在屏幕上直接显示导航的信息甚至显示数字地图。

4.3.2.3　电源

GPS 接收机的电源有两种：一种为内接电源，一般采用锂电池，主要用于 RAM 存储器供电，以防止数据丢失；另一种为外接电源，这种电源常用于可充电的 12 V 直流镉镍电池组，或采用汽车电瓶。当用交流电时，要经过稳压电源或专用电流交换器。

综上所述，接收机的主要任务：当 GPS 卫星在用户视界升起时，接收机能够捕获到按一定卫星高度截止角所选择的待测卫星，并能够跟踪这些卫星的运行；对所接收到的 GPS 信号，具有变换、放大和处理的功能，以便测量出 GPS 信号从卫星到接收天线的传播时间，解译出 GPS 卫星所发送的导航电文，实时地计算出测站的三维位置，甚至三维速度和时间。GPS 信号接收机不仅需要功能较强的机内软件，而且需要一个多功能的 GPS 数据测后处理软件包。接收机加处理软件包，才是完整的 GPS 信号用户设备。

4.3.2.4　软件 GPS 接收机

随着"GPS 现代化计划"的实施，就需要开发新一代的 GPS 接收机。但不管哪一种卫星导航定位接收机，其工作原理都相同，都是用于捕捉、跟踪、变换和处理卫星微弱信号的无线电接收设备。如何实现一机多用，且可随需要更新，是测绘工作者面临的新挑战。在这种背景下，软件 GPS 接收机（有的称 GPS 软件接收机）就自然而然地产生了。它是将软件无线电技术应用于卫星导航定位接收机上，达到目前硬件卫星导航定位接收机的技术水平。

1. 软件 GPS 接收机基本结构

软件 GPS 接收机基本结构如图 4-8 所示。

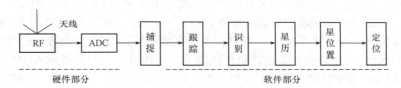

图 4-8　软件 GPS 接收机基本结构

软件 GPS 接收机的硬件部分由天线、RF 和 ADC 三部分组成。天线接收 GPS 卫星信号，RF 将信号放大，转换并输出，ADC（A/D 转换器）将信号数字化。

软件 GPS 接收机的软件部分由信号捕捉、跟踪、子帧识别、获取星历数据和伪距、卫星视位置计算、用户定位计算六部分组成。软件平台目前一般采用 PC 平台，也可采用数字信号处理芯片。

从图 4-8 可以看出，硬件部分较少，因而非常有利于接收机小型化。

2. 软件 GPS 接收机的优点

（1）有利于提高测量精度。在软件 GPS 接收机中，数据处理模块更靠近接收机天线，减少信号在接收机中传输的时间及衰变，有利于快速捕捉信号和提高定位测量的精度。

（2）便于 GPS 信号的升级换代。GPS 信号个数在不断增加，需更换新的接收机。若是软件 GPS 接收机，只需加载相应的软件，用原有硬件平台，就可接收不同的卫星导航信号。这样就不需更换接收机也能实现 GPS 接收机的升级换代，也便于将一台 GPS 接收机按需要变成 GNSS 接收机。

（3）便于多种算法集成于一台接收机。目前各种 GPS 接收机只采用一种捕捉信号的方法，也只采用一种跟踪算法。若是软件 GPS 接收机，就可采用几种信号捕捉、跟踪算法。这样便于比较，可提高效率和可靠性。

（4）便于接收机低功耗、小型化。由于软件 GPS 接收机绝大部分功能由软件实现，硬件部分达到最小化，从而使接收机功耗更少、体积更小、自重更小、价格更低。

软件 GPS 接收机目前还处在开发、试验阶段，其难点在于将信号波道进行软件化及高效的信号处理算法。随着科学技术的发展，软件 GPS 接收机将会走进我们的生活。

4.3.3　GNSS 接收机的使用

目前各种类型的接收机体积越来越小，自重越来越小，便于携带使用。要拥有一台能够接收跟踪、变换和测量 GNSS 信号的接收机，就可在任何时候用 GNSS 信号进行导航定位测量。其定位的具体方法：接收机按一定卫星仰角要求捕获到待测卫星，并跟踪这些卫星的运行。接收机通过捕获到的卫星信号，测量出接收天线至卫星的距离和距离的变化率，解调出卫星轨道参数等数据。根据这些数据，接收机中的微处理计算机按定位解算方法进行计算，计算出用户所在位置的地理经纬度、高度、速度、时间等信息。本小节主要介绍常用测地型 GNSS 接收机及其使用方法。

4.3.3.1　接收机的基本特征及功能

1. 接收机的基本特征

GNSS 卫星提供了许多不同的频率、测距码和导航电文等。其大部分针对某些服务，但接收机制造商可以选择信号的处理方式为用户提供最佳的性能。除了定位功能外，接收机制造商还需要考虑设计准则，如功耗、尺寸、价格等。接收机的基本特征如下：

（1）生产商和类型：标明公司的名称和型号，如"××公司 G10 GNSS RTK"。

（2）通道：给出接收机跟踪卫星的通道数，通常一个通道对应一颗卫星和一个频率。典型的 GPS C/A 码伪距接收机通道数为 12 个。有些类型的接收机可提供 72 个通道，这类接收机通常也具有跟踪 GLONASS 的功能。还有些接收机可提供 372 个通道，不但可跟踪 GLONASS、BDS，还预留了跟踪 GALILEO 等卫星信号功能。

（3）信号跟踪：指定码和频率。如"L_1 only，C/A – code"表示 GPS C/A 码伪距接收机。也有一些更复杂的描述，如"WAAS""EGNOS""GAGAN""MSAS"等，表明可以选择使用相应的增强信号。

（4）最大跟踪卫星数：这个数与通道数和跟踪信号数量有关。因此，对于双频接收机，如果跟踪 12 颗卫星，则通常需要 24 个通道。

（5）用户环境和应用：特定应用宜使用相应的类型，如航空、航海、陆地、导航、测绘与地理信息、气象、娱乐、国防等。接收机的特征同时还包括产品的信息，如是否为最终产品，还是提供给原始设备制造商的板级、芯片与模块产品。这些信息关系到特性、尺寸和质量等。

（6）定位精度：这是一个标称精度，与仪器类型、作业环境有关，涉及自主码、实时差分（码）、后处理差分与实时动态等。如某品牌 GNSS RTK 接收机的定位精度描述："DGNSS，平面：±0.25 m + 1 ppm（RMS），高程：±0.5 m + 1 ppm（RMS）；静态，平面：±2.5 mm + 1 ppm，高程：±5 mm + 1 ppm"。

（7）时间精度：典型值在 1 ~ 1 000 ns。

（8）定位更新率：以秒为单位给出，通常为 0.01 ~ 0.1 s。

（9）冷启动：表明未知历书、初始位置及时间的情况下定位所需时间，通常为几十秒到几分钟。

（10）热启动：表明给定最近历书初始位置以及当前时间，但没有最新星历的情况下定位所需时间。通常热启动的数据要稍微好于冷启动的数据。

（11）重捕获：该量以秒为单位给出，定义为信号失锁至少 1 min 后捕获的时间。通常为 1 s 或几秒，非常好的值为 0.1 s 或更小。

（12）接口数、接口类型、波特率：这些参数关系到接收机的数据传输。采用串口、蓝牙等不同类型的接口，以每秒比特数据计的传输率通常为 4 800 ~ 115 200 bit/s，若采用以太网则会更高。

（13）工作温度：－30 ℃ ~ + 80 ℃。

（14）电源和功耗：电源主要区分内接和外接电源，也有太阳能电池这样的个别情况。

（15）天线类型：通常表示为被动式和主动式。

2. 接收机的功能

GNSS 接收机应具有如下基本功能：

（1）自动捕捉、跟踪可视卫星，优选星座。

（2）载波相位测量。

（3）能获取导航电文并保存。

（4）显示观测信息。

（5）自动监测机内电路工作状态，并显示监测结果，自动报警。

（6）电源电压预报，自动切换备用电源。

（7）天线设置抑径板。

（8）监测和实时改正天线相位中心偏差。

（9）导航定位双功能。

（10）支持多样作业模式。

（11）差分定位功能。

4.3.3.2　GNSS 接收机的基本操作

测地型 GNSS 测量系统主要由主机、手簿、电台和配件四大部分组成。现以南方 S82 - 2013T 接收机为例，学习测地型 GNSS 接收机的结构，各部件的名称、功能和作用，掌握 GNSS 接收机各部件的连接与使用方法。

1. 华测 T5 GNSS 接收机产品功能

华测生产的 GNSS RTK T5 是一款测量型卫星接收机，可以同时接收北斗卫星导航系统（BDS）、全球定位系统（GPS）和俄罗斯格洛纳斯（GLONASS）系统的卫星信号，并可定制兼容其他卫星系统。华测 GNSS 测量系统可用于以下测绘工程应用：

（1）控制测量：双频系统静态测量，可准确完成高精度变形观测、像控测量等。

（2）公路测量：能够快速完成控制点加密公路地形图测绘、横断面测量纵断面测量等。

（3）CORS 应用：依托华测 CORS 的成熟技术，为野外作业提供更加稳定便利的数据链，同时无缝兼容国内各类 CORS 应用。

（4）数据采集测量：能够完美地配合南方各种测量软件，做到快速、方便地完成数据采集。

（5）放样测量：可进行大规模点、线、平面的放样工作。

（6）电力测量：可进行电力线测量定向、测距、角度计算等工作。

（7）水上应用：可进行海测、疏浚、打桩、插排等，使水上作业更加方便、轻松。

2. T5 接收机操作

T5 接收机主机前侧为按键和指示灯面板，仪器底部有电台和网络接口，以及电池仓和其他接口，如图 4-9 所示。主机背面有一串条形码编号，是主机机号，用于申请注册码。主机和手簿通过蓝牙建立连接后，利用主机机号实现主机与手簿识别，建立起对应连接。接收机指示灯的含义见表 4-3。

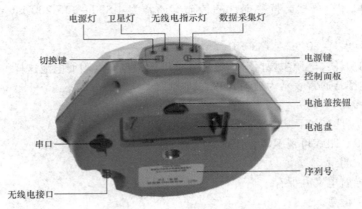

图 4-9　接收机外观

表 4-3　T5 GNSS 接收机指示灯的含义

指示灯	工作状态	基准站接收机	移动站接收机
电源灯	常亮	电量正常	电量正常
	闪烁	电量不足	电量不足
卫星灯	熄灭或间隔 5 s 闪一次	正在搜星	正在搜星
	间隔 5 s 闪 N 次	搜到 N 颗星	搜到 N 颗星
差分信号灯	间隔 1 s 一闪	正在发送差分数据	正在接收差分数据
数据采集灯	静态模式下 N 秒间隔闪烁	正在按 N 秒采样间隔采集静态数据	正在按 N 秒采样间隔采集静态数据
	与外部设备连接时闪烁	正在与外部设备有数据通信	正在与外部设备有数据通信

（1）RTK 工作模式。RTK（Real Time Kinematic）是一种差分 GPS 数据处理方法。其主要构成为基准站、移动站、数据链、控制软件。

RTK 测量时，分为 CORS 工作模式和传统 RTK 工作模式。前者单移动站就可以作业，而后者至少需要两台接收机，一台做基准站，另一台做移动站，基准站实时地通过数据链将差分改正信息通过数据链发送给移动站，移动站通过数据链接收差分数据，并实时进行解算处理，从而实时得到移动站的高精度位置，而传统 RTK 工作模式根据数据链的不同，采用电台传输数据的称为电台作业模式，采用 GPRS 传输数据的称为 GPRS 作业模式。

①电台作业模式：电台作业模式指的是数据链通过无线电进行发射和接收，电台的频率一般采用 UHF（全称 Ultra High Frequency 超高频率，频率为 300 ~ 300 kMHz），一般市场上的频率范围为 450 ~ 470 MHz，属于高频，当然也有用 410 ~ 430 MHz 的，属于低频，而华测无线电发射采用华测自制 DL5 – C 电台，频率为 450 ~ 470 MHz。

②GPRS 作业模式：GPRS 模式是指基准站和移动站都采用移动网络进行通信，对于移动通信，有 GPRS 和 CDMA 通信方式；GPRS（General Packet Radio Service）的中文名称是通用无线分组业务，是在现有的 GSM 系统上发展出来的一种新的分组数据承载业务；CDMA 为码分多址数字无线技术。GPRS 基站和移动站可通过 GPRS 或 CMDA 移动网络进行通信。

③CORS 作业模式：采用 CORS 进行作业，它具有无须架设基站、定位精度高、覆盖范围广等优势，其应用越来越广泛。CORS 系统采用的是网络 RTK 技术，如虚拟参考站技术（VRS）、主辅站技术以及 FKP 等；CORS 移动站一般也是通过 GPRS 或 CDMA 移动网络进行通信，从而获

得 CORS 中心提供的差分信号进行差分。

（2）静态工作模式。静态测量是经典的测量方法，对所有长度的基线（短、中、长）都非常适用。静态测量一般需要 3 台接收机。将天线在基线两个端点的测量标志中心上对中整平，在一个时段内同时采集原始观测数据。这两台接收机跟踪 4 颗或更多的卫星，并有相同的采样率（5～30 s）和截止高度角。观测时段长度根据观测基线的距离和精度来设计，可从几分钟至几小时变化。

当测量结束后，接收机采集的数据可以下载到计算机并使用后处理软件处理。

3. 使用与注意事项

测量仪器是复杂又精密的设备，在日常的携带、搬运、使用和保存中，要正确妥善，才能更好地保证仪器的精度，延长其使用年限。

（1）用户不能自行拆卸仪器，若发生故障，应与供应商联系；

（2）使用华测指定品牌稳压电源，并严格遵循华测仪器的标称电压，以免对电台和接收机造成损害；

（3）使用充电器进行充电时，请注意远离火源、易燃易爆物品，避免产生火灾等严重的后果；

（4）电台在使用中可能产生高温，使用时要注意防止烫伤；要减少、避免电台表面不必要的遮蔽物，保持良好的通风环境；

（5）禁止一边对蓄电池充电一边对电台供电工作；

（6）雷雨天勿使用天线和对中杆，防止因雷击造成意外伤害；

（7）电源开关要依次打开，不要在没有切断电源的情况下对各连线进行插拔；

（8）各连接线材破损后不要再继续使用，要及时购买更换新的线材，避免造成不必要的伤害；

（9）对中杆破损后应及时维修、更换，不得使用残次品。

第 5 章

GPS 卫星定位基本原理

★学习目标

1. 掌握 GPS 测量的基本原理；
2. 掌握伪距测量原理、载波相位测量原理，并熟悉整周跳变修复方法；
3. 掌握 GNSS 测量误差的来源、影响及消除误差的对策；
4. 了解美国的 GPS 计划；
5. 根据所学定位原理，掌握绝对定位和相对定位的相关知识和技能。

★本章概述

本章通过无线电导航定位系统、卫星激光测距定位系统的定位原理，引入 GNSS 定位基本原理。随后利用测距码进行伪距测量定位原理的论述，讨论载波相位测量观测值的数学模型，着重讨论静态相对定位的原理和方法，简述 GPS 动态定位的原理和差分 GPS 定位技术。最后，在上述原理的基础上介绍了 GNSS 测量误差的相关理论。

5.1　概述

测量学中有测距交会确定点位的方法。与其相似，无线电导航定位系统、卫星激光测距定位系统，其定位原理也是利用测距交会的原理确定点位。

就无线电导航定位来说，设想在地面上有 3 个无线电信号发射台，其坐标为已知，用户接收机在某一时刻采用无线电测距的方法分别测出接收机至 3 个发射台的距离 d_1、d_2、d_3。只需以 3 个发射台为球心，以 d_1、d_2、d_3 为半径做出 3 个定位球面，即可交会出用户接收机的空间位置。如果只有 2 个无线电发射台，则可根据用户接收机的概略位置交会出接收机的平面位置。这种无线电导航定位是迄今为止仍在使用的飞机、轮船的一种导航定位方法。

近代卫星大地测量中的卫星激光测距定位也应用了测距交会定位的原理和方法。虽然用于激光测距的卫星（表面安装激光反射镜）在不停地运动中，但总可以利用固定于地面上 3 个已知点上的卫星激光测距仪同时测定某一时刻至卫星的空间距离，应用测距交会的原理便可确定该时刻卫星的空间位置。如此，可以确定 3 颗以上卫星的空间位置。如果在第四个地面点上（坐标未知）也有一台卫星激光测距仪同时参与测定了该点至 3 颗卫星点的空间距离，则利用所测定的 3 个空间距离可以交会出该地面点的位置。

　　将无线电信号发射台从地面点搬到卫星上，组成一颗卫星导航定位系统，应用无线电测距交会的原理，便可由 3 个以上地面已知点（控制站）交会出卫星的位置，反之，利用 3 颗以上卫星的已知空间位置又可交会出地面未知点（用户接收机）的位置。这便是 GPS 卫星定位的基本原理。

　　GPS 卫星发射测距信号和导航电文，导航电文中含有卫星的位置信息。用户用 GPS 接收机在某一时刻同时接收 3 颗以上的 GPS 卫星信号，测量出测站点（接收机天线中心）P 至 3 颗以上 GPS 卫星的距离并解算出该时刻 GPS 卫星的空间坐标，据此利用距离交会法解算出测站 P 的位置。如图 5-1 所示，设在时刻 t_i 在测站点 P 用 GPS 接收机同时测得 P 点至 3 颗 GPS 卫星 S_1、S_2、S_3 的距离 ρ_1、ρ_2、ρ_3，通过 GPS 电文解译出该时刻 3 颗 GPS 卫星的三维坐标分别为 (X^j, Y^j, Z^j)，$j = (1, 2, 3)$。用距离交会的方法求解 P 点的三维坐标 (X, Y, Z) 的观测方程为

$$\rho_1^2 = (X - X^1)^2 + (Y - Y^1)^2 + (Z - Z^1)^2$$
$$\rho_2^2 = (X - X^2)^2 + (Y - Y^2)^2 + (Z - Z^2)^2 \tag{5-1}$$
$$\rho_3^2 = (X - X^3)^2 + (Y - Y^3)^2 + (Z - Z^3)^2$$

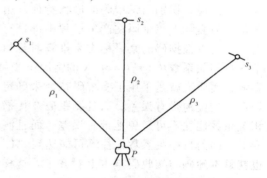

　　在 GPS 定位中，GPS 卫星是高速运动的卫星，其坐标值随时间在快速变化着。需要实时地由 GPS 卫星信号测量出测站至卫星之间的距离，实时地由卫星的导航电文解算出卫星的坐标值，并进行测站点的定位。依据测距的原理，其定位原理与方法主要有伪距法定位、载波相位测量定位以及差分 GPS 定位等。对于待定点来说，根据其运动状态可以将 GPS 定位分为静态定位和动态定位。静态定位指的是对于固定不动的待定点，将 GPS 接收机安置于其上，观测数分钟乃至更长的时间，

图 5-1　GPS 卫星定位原理

以确定该点的三维坐标，又叫作绝对定位。若以两台 GPS 接收机分别置于两个固定不变的待定点上，则通过一定时间的观测，可以确定两个待定点之间的相对位置，又叫作相对定位。而动态定位则至少有一台接收机处于运动状态，测定的是各观测时刻（观测历元）运动中的接收机的点位（绝对点位或相对点位）。

　　利用接收到的卫星信号（测距码）或载波相位，均可进行静态定位。实际应用中，为了减弱卫星的轨道误差、卫星钟差、接收机钟差以及电离层和对流层的折射误差的影响，常采用载波相位观测值的各种线性组合（差分值）作为观测值，获得两点之间高精度的 GPS 基线向量（坐标差）。

5.2　伪距测量

　　伪距法定位是由 GPS 接收机在某一时刻测出得到 4 颗以上 GPS 卫星的伪距以及已知的卫星位置，采用距离交会的方法求定接收机天线所在点的三维坐标。所测伪距就是由卫星发射的测距码信号到达 GPS 接收机的传播时间乘以光速所得出的量测距离。由于卫星钟、接收机钟的误差以及无线电信号经过电离层和对流层中的延迟，实际测出的距离 ρ' 与卫星到接收机的几何距离 ρ 有一定差值，因此一般称量测出的距离为伪距。用 C/A 码进行测量的伪距为 C/A 码伪距，用 P 码测量的伪距为 P 码伪距。伪距法定位虽然一次定位精度不高（P 码定位误差

约为 10 m，C/A 码定位误差为 20 ~ 30 m)，但因其具有定位速度快且无多值性问题等优点，仍然是 GPS 定位系统进行导航的最基本的方法。同时，所测伪距可以作为载波相位测量中解决整波数不确定问题（模糊度）的辅助资料。因此，有必要了解伪距测量以及伪距法定位的基本原理和方法。

5.2.1 伪距测量原理

GPS 卫星依据自己的时钟发出某一结构的测距码，该测距码经过 τ 时间的传播后到达接收机。接收机在自己的时钟控制下产生一组结构完全相同的测距码——复制码，并通过时延器使其延迟时间 τ 将这两组测距码进行相关处理，若自相关系数 $R(\tau') \neq 1$，则继续调整延迟时间 τ' 直至自相关系数 $R(\tau') = 1$ 为止。使接收机所产生的复制码与接收到的 GPS 卫星测距码完全对齐，那么其延迟时间 τ' 即 GPS 卫星信号从卫星传播到接收机所用的时间 τ。GPS 卫星信号的传播是一种无线电信号的传播，其速度等于光速 c，卫星至接收机的距离即 τ 与 c 的乘积。

为什么采用码相关技术来确定伪距？

GPS 卫星发射出的测距码是按照某一规律排列的，在一周期内每个码对应某一特定的时间。应该说，识别出每个码的形状特征，用每个码的某一标志即可推算出时延值，进行伪距测量。但实际上每个码在产生过程中都带有随机误差，并且信号经过长距离传送后也会产生变形。所以根据码的某一标志来推算时延值 τ 就会产生比较大的误差。因此，采用码相关技术在自相关系数 $R(\tau') = \text{MAX}$ 的情况下来确定信号的传播时间 τ，这样就排除了随机误差的影响，实质上就是采用了多个码特征来确定 τ 的方法。由于测距码和复制码在产生的过程中均不可避免地带有误差，而且测距码在传播过程中会由于各种外界干扰而产生变形，因而自相关系数往往不可避免地带有误差，而且测距码在传播过程中还会由于各种外界干扰而产生变形，因而自相关系数往往不可能达到"1"，只能在自相关系数为最大的情况下来确定伪距，也就是本地码与接收码基本上对齐了。这样可以最大限度地消除各种随机误差的影响，以达到提高精度的目的。

测定自相关系数 $R(\tau')$ 的工作由接收机锁相环路中的相关器和积分器来完成。如图 5-2 所示，由卫星钟控制的测距码 $a(t)$ 在 GPS 时间 t 时刻自卫星天线发出，经传播延迟 τ 到达 GPS 接收机，接收机所接收到的信号为 $a(t-\tau)$。由接收机钟控制的本地码发生器产生一个与卫星传播相同的本地码 $a'(t+\Delta t)$，Δt 为接收机钟与卫星钟的钟差。经过码移位电路将本地码延迟 τ'，送至相关器与所接收到的卫星传播信号进行相关运算，经过积分器后，即可得到自相关系数 $R(\tau')$ 输出：

$$R(\tau') = \frac{1}{T}\int_T a(t-\tau)a(t+\Delta t-\tau')\,dt \qquad (5\text{-}2)$$

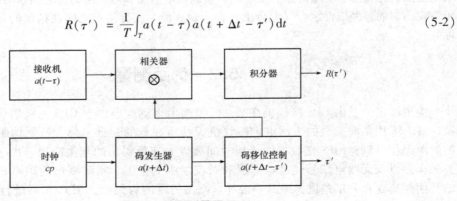

图 5-2 伪距测量原理

调整本地码延迟 τ' 可使相关输出达到最大值

$$\begin{cases} R(t) = R_{\max}(t) \\ t - \tau = t + \Delta t - \tau' \end{cases} \tag{5-3}$$

可得

$$\begin{cases} \tau' = \tau + \Delta t + nT \\ \rho' = \rho + c\Delta t + n\lambda \end{cases} \tag{5-4}$$

式中，ρ' 为伪距测量值，ρ 为卫星至接收机的几何距离，T 为测距码的周期，$\lambda = cT$ 为相应测距码的波长，$n = 0$，1，2，…是正整数，c 为信号传播速度。

式（5-4）即伪距测量的基本方程。式中 $n\lambda$ 称为测距模糊度。如果已知待测距离小于测距码的波长（如用 P 码测距），则 $n = 0$，且有

$$\rho' = \rho + c\Delta t \tag{5-5}$$

称为无模糊度测距。

由式（5-5）可知，伪距观测值 ρ' 是待测距离与钟差等效距离之和。钟差 Δt 包含接收机钟差 δt_k 与卫星钟差 δt^j，即 $\Delta t = -\delta t_k + \delta t^j$，若再考虑到信号传播经电离层的延迟和大气对流层的延迟，则式（5-5）改写为

$$\rho = \rho' + \delta\rho_1 + \delta\rho_2 + c\delta t_k - c\delta t^j \tag{5-6}$$

式（5-6）即所测伪距与真正的几何距离之间的关系式。式中 $\delta\rho_1$、$\delta\rho_2$ 分别为电离层和对流层的改正项。δt_k 的下标 k 表示接收机号，δt^j 的上标 j 表示卫星号。

5.2.2　伪距定位观测方程

从式（5-6）中可以看出，电离层和对流层改正可以按照一定的模型进行计算，卫星钟差 δt^j 可以自导航电文中取得。而几何距离 ρ 与卫星坐标（X_s，X_s，Z_s）与接收机坐标（X，Y，Z）之间有如下关系：

$$\rho^2 = (X_s - X)^2 + (Y_s - Y)^2 + (Z_s - Z)^2 \tag{5-7}$$

式中，卫星坐标可根据卫星导航电文求得，所以式中只包含接收机坐标 3 个未知数。

如果将接收机钟差也作为未知数，则共有 4 个未知数，接收机必须同时至少测定 4 颗卫星的距离才能解算出接收机的三维坐标值。为此，将式（5-7）代入式（5-6），有

$$\left[(X_s^j - X)^2 + (Y_s^j - Y)^2 + (Z_s^j - Z)^2 \right]^{\frac{1}{2}} - c\delta t_k = \rho'^j + \delta\rho_1^j + \delta\rho_2^j - c\delta t^j \tag{5-8}$$

式中 j 为卫星数，$j = 1$，2，3，…。

式（5-8）即伪距定位的观测方程组。

5.3　载波相位测量

利用测距码进行伪距测量是全球定位系统的基本测距方法。然而，由于测距码的码元长度较大，对于一些高精度应用来讲，其测距精度还显得过低，无法满足需要。如果观测精度均取至测距码波长的百分之一，则伪距测量对 P 码而言量测精度为 30 cm，对 C/A 码而言为 3 m 左右。而如果把载波作为量测信号，由于载波的波长短 $\lambda t_1 = 19$ cm，$\lambda t_2 = 24$ cm，所以就可达到很高的精度。目前的大地型接收机的载波相位测量精度一般为 1~2 mm，有的精度更高。但载波信号是一种周期性的正弦信号，而相位测量又只能测定其不足一个波长的部分，因而存在着整周数不确定性的问题，使解算过程变得比较复杂。

在 GPS 信号中由于已用相位调整的方法在载波上调制了测距码和导航电文，因而接收的载

波的相位已不再连续，所以在进行载波相位测量以前，首先要进行解调工作，设法将调制在载波上的测距码和卫星电文去掉，重新获取载波，这一工作称为重建载波。重建载波一般可采用两种方法：一种是码相关法；另一种是平方法。采用前者，用户可同时提取测距信号和卫星电文，但用户必须知道测距码的结构；采用后者，用户无须掌握测距码的结构，但只能获得载波信号而无法获得测距码和卫星电文。

5.3.1 载波相位测量原理

载波相位测量的观测量是 GPS 接收机所接收的卫星载波信号与接收机本地参考信号的相位差。以 $\varphi_j^k(t_k)$ 表示 k 接收机在接收机钟面时刻 t_k 时所接收到的 j 卫星载波信号的相位值，表示 k 接收机在钟面时刻时所产生的本地参考信号的相位值，则 k 接收机在接收机钟面时刻 t_k 时观测 j 卫星所取得的相位观测量可写为

$$\Phi_k^j(t_k) = \varphi k(t_k) - \varphi_k^j(t_k) \tag{5-9}$$

通常的相位或相位差测量只是测出一周以内的相位值。在实际测量中，如果对整周进行计数，则自某一初始取样时刻 (t_0) 以后就可以取得连续的相位测量值。

如图 5-3 所示，在初始时刻，测得小于一周的相位差为 $\Delta\varphi_0$，其整周数为 N_0^j，此时包含整周数的相位观测值应为

$$\begin{aligned}\Phi_{k(t0)}^j &= \Delta\varphi_0 + N_0^j \\ &= \varphi_k^j(t_0) - \varphi_k(t_0) + N_0^j\end{aligned}$$

$$\tag{5-10}$$

接收机继续跟踪卫星信号，不断测定小于一周的相位差 $\Delta\varphi(t)$，并利用整波计数器记录从 t_0 到 t_i 时间内的整周数变化量 $\text{Int}(\varphi)$，只要卫星 S^j 从 t_0 到 t_i 之间卫星信号没有中断，则初

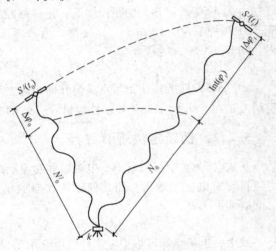

图 5-3 载波相位测量原理

始时刻整周模糊度 N_0^j 就为一常数，这样，任一时刻 t_i 卫星 S^j 到 k 接收机的相位差为

$$\Phi_k^j(t_i) = \varphi_k(t_i) - \varphi_k^j(t_i) + N_0^j + \text{Int}(\varphi) \tag{5-11}$$

上式说明，从第一次开始，在以后的观测中，其观测量包括相位差的小数部分和累计的整周数。

5.3.2 载波相位测量的观测方程

载波相位观测量是接收机（天线）和卫星位置的函数，只有得到它们之间的函数关系，才能从观测量中求解接收机（或卫星）的位置。

设在 GPS 标准时刻 T_a（卫星钟面时刻 t_a）卫星 S^j 发射的载波信号相位为 $\varphi(t_a)$，经传播延迟 $\Delta\tau$ 后，在 GPS 标准时刻 T_b（接收机钟面时刻 t_b）到达接收机。

根据电磁波传播原理，T_b 时接收到的和 T_a 时发射的相位不变，即 $\varphi^j(t_b) = \varphi^j(t_a)$，而在 T_b 时，接收机本地产生的载波相位为 $\varphi(t_b)$，由式（5-9）可知，在 T_b 时，载波相位观测量为

$$\Phi = \varphi(t_b) - \varphi^j(t_a)$$

考虑到卫星钟差和接收机钟差，有 $T_a = t_a + \delta t_a$，$T_b = t_b + \delta t_b$ 则有

$$\Phi = \varphi(T_b - \delta t_b) - \varphi^j(T_a - \delta t_a) \tag{5-12}$$

对于卫星钟和接收机钟，其振荡器频率一般稳定良好，所以其信号的相位与频率的关系可表示为

$$\varphi(t + \Delta t) = \varphi(t) + f \cdot \Delta t \tag{5-13}$$

式中，f 为信号频率，Δt 为微小时间间隔，φ 以 2π 为单位。

设 f^j 为 j 卫星发射的载波频率，f_i 为接收机本振产生的固定参考频率，且 $f_i = f^j = f$，同时考虑到 $T_b = T_a + \Delta\tau$，则有

$$\varphi(T_b) = \varphi^j(T_a) + f \cdot \Delta\tau \tag{5-14}$$

顾及式（5-13）和式（5-14），式（5-12）可改写为

$$\Phi = \frac{f}{c}(T_b) - f \cdot \delta t_b - \varphi^j(T_a) + f \cdot \delta t_a$$

$$= f \cdot \Delta\tau - f \cdot \delta t_b + f \cdot \delta t_a \tag{5-15}$$

传播延迟 $\Delta\tau$ 中考虑到电离层和对流层的影响 $\delta\rho_1$ 和 $\delta\rho_2$，则

$$\Delta\tau = \frac{1}{c}(\rho - \delta\rho_1 - \delta\rho_2) \tag{5-16}$$

式中，c 为电磁波传播速度，ρ 为卫星至接收机之间的几何距离。代入式（5-15），有

$$\Phi = \frac{f}{c}(\rho - \delta\rho_1 - \delta\rho_2) + f\delta t_a - f\delta t_b \tag{5-17}$$

考虑到式（5-11），即顾及载波相位整周数 $N_k^j = N_0^j + \text{Int}(\varphi)$ 后，有

$$\Phi_k^j = \frac{f}{c}\rho + f\delta t_a - f\delta t_b - \frac{f}{c}\delta\rho_1 - \frac{f}{c}\delta\rho_2 + N_k^j \tag{5-18}$$

式（5-18）即接收机 k 对卫星 j 的载波相位测量的观测方程。

5.3.3　整周未知数 N_0 的确定

确定整周未知数是载波相位测量的一项重要工作。常用的方法有下列几种：

5.3.3.1　伪距法

伪距法是在进行载波相位测量的同时又进行了伪距测量，将伪距观测值减去载波相位测量的实际观测值（化为以距离为单位）后即可得到。但由于伪距测量的精度较低，所以要有较多的取平均值后才能获得正确的整波段数。

5.3.3.2　将整周未知数当作平差计算中的待定参数的经典方法

将整周未知数当作平差计算中的待定参数来加以估计和确定有两种方法。

1. 整数解

整周未知数从理论上讲应该是一个整数，利用这一特性能提高解的精度。短基线定位时一般采用这种方法。具体步骤如下：

根据卫星位置和修复周跳后的相位观测值进行平差计算，求得基线向量和整周未知数。由于各种误差的影响，解得的整周未知数往往不是一个整数，称为实数解。然后，将其固定为整数（通常采用四舍五入法），并重新进行平差计算。在计算中整周未知数采用整周值并视为已知数，以求得基线向量的最后值。

2. 实数解

当基线较长时，误差的相关性将降低，许多误差消除得不够完善，所以无论是基线向量还是整周未知数，均无法估计得很准确。在这种情况下再将整周未知数固定为某一整数往往无实际

意义，所以通常将实数解作为最后解。

采用经典方法解算整周未知数时，为了能正确求得这些参数，往往需要一个小时甚至更长的观测时间，从而影响了作业效率，所以只有在高精度定位领域中才应用。

3. 多普勒法（三差法）

由于连续跟踪的所有载波相位测量观测值中均含有相同的整周未知数 N_0，所以将相邻两个观测历元的载波相位相减，就将该未知参数消去，从而直接解出坐标参数，这就是多普勒法。但两个历元之间的载波相位观测值之差受到此期间接收机钟及卫星钟的随机误差的影响，所以精度不太好，往往用来解算未知参数的初始值。三差法可以消除掉许多误差，所以使用较广泛。

4. 快速确定整周未知数法

1990 年 E. Frei 和 G. Beutler 提出利用快速模糊度（整周未知数）解算法进行快速定位的方法。采用这种方法进行短基线定位时，利用双频接收机只需观测一分钟便能成功地确定整周未知数。

这种方法的基本思路是，利用初始平差的解向量（接收机点的坐标及整周未知数的实数解）及其精度信息（单位权中误差和方差协方差阵），以数理统计理论的参数估计和统计假设检验为基础，确定在某一置信区间整周未知数可能的整数解的组合，然后依次将整周未知数的每一组合作为已知值，重复地进行平差计算。其中使估值的验后方差或方差和为最小的一组整周未知数，即整周未知数的最佳估值。

这是一种快速解算整周未知数的方法。实践表明，在基线长小于 15 km 时，根据数分钟的双频观测结果，便可精确地确定整周未知数的最佳估值，使相对定位的精度达到厘米级。这一方法已在快速静态定位中得到广泛应用。

5.4 整周跳变的修复

由载波相位测量原理可知，任意时刻 t_i 的载波相位测量的实际量值是由两部分组成的。一部分是一整周的相位差 $\Delta\varphi$，另一部分是整周记数部分 $Int(\varphi)$，它是从初始时刻 t_0 至 t_i 时刻为计数器逐个累计的差频信号的整周数。加上初始 t_0 时刻的整周数 N_0，则 t_i 时刻的整周数 $N_i = N_0 + Int(\varphi)$。接收机在跟踪卫星过程中，整周计数部分应当是连续的，整个观测时段接收机对某个 GPS 卫星的载波相位测量的整周数只有初始时刻 t_0 时的整周数 N_0 为未知数。

如果在跟踪卫星过程中，由于某种原因，如卫星信号被障碍物挡住而暂时中断，或受无线电信号干扰造成失锁，这样，计数器就无法连续计数，因此，当信号重新被跟踪后，整周计数就不正确，但是不到一个整周的相位观测值仍是正确的。这种现象称为周跳。周跳的出现和处理是载波相位测量中的重要问题。

整周跳变的探测与修复是指探测出在何时发生了周跳并求出丢失的整周数，对中断后的整周记数进行修正，将其恢复为正确的计数，使这部分观测值仍可使用。如果是因为电源的故障或振荡器本身的故障使信号暂时中断，那么中断前后信号本身失去了连续性。恢复正常工作后的观测值中不但整周计数不正确，而且不足整周的部分也不对。这时，修复周跳没有什么意义，而必须将资料分为两个时段，各设一个整周未知数单独进行处理。如果是其他原因，如卫星信号被某些障碍物（如舰标槽柱、树木等）挡住，外界干扰使信号暂时失锁等，使信号整周计数暂时中断，而不足一周的相位差部分仍是正确的，则探测与修复周跳才有意义。

5.4.1 屏幕扫描法

屏幕扫描法是由作业人员在计算机屏幕前依次对每个站、每个时段、每个卫星的相位观测值变化率的图像进行逐段检查，观测其变化率是否连续。如果出现不规则的突然变化时，就说明在相应的相位观测中出现了整周跳变现象，然后用手工编程的方法逐点、逐段修复。

5.4.2　离次差或多项式拟合法

离次差或多项式拟合法是根据有周跳现象的发生将会破坏载波相位测量的观测值 $Int(\varphi)$ + $\Delta\varphi$ 随时间而有规律变化的特性来探测的。GPS 卫星的径向速度最大可达 0.9 km/s，因而整周计数每秒可变化数千周。因此，如果每 15 s 输出一个观测值，则相邻观测值间的差值可达数万周，那么对于几十周的跳变就不易发现。但如果在相邻的两个观测值间依次求差而求得观测值的一次差，这些一次差的变化就要小得多。在一次差的基础上再求二次差、三次差、四次差、五次差时，其变化就小得更多了。此时就能发现有周跳现象的时段了。四次、五次差已趋近于零。对于稳定度为 10^{-10} 的接收机时钟，观测间隔为 15 s，L_1 的频率为 $1.575\,42 \times 10^9$ Hz，由于振荡器的随机误差而使相邻的 L_1 载波相位造成的影响为 2.4 周，所以用求差的方法一般难以探测出只有几周的小周跳。

通常也采用曲线拟合的方法进行计算。根据几个相位测量观测值拟合一个 n 阶多项式，据此多项式来预估下一个观测值并与实测值比较，从而来发现周跳并修正整周计数。

表 5-1 列出不同历元由测站 k 对卫星的相位观测值。因为没有周跳，对不同历元观测值取至四次差或五次差之后的差值主要是由于振荡器随机误差而引起的，具有随机特性。如果在观测过程中产生了周跳现象，高次差的随机特性将受到破坏。含有周跳影响的观测值及其差值见表 5-2 。

表 5-1　载波相位观测值及其差值

观测历元	$\Phi_k^j(t)$	一次差	二次差	三次差	四次差
t_1	475 833. 225 1				
		11 608. 753 3			
t_2	487 441. 978 4		399. 813 8		
		12 008. 567 1		2. 507 4	
t_3	499 450. 545 5		402. 321 2		−0. 579 7
		12 410. 888 3		1. 927 7	
t_4	511 861. 433 8		404. 248 9		0. 963 9
		12 815. 137 2		2. 891 6	
t_5	524 676. 571 0		407. 140 5		−0. 272 1
		13 222. 277 7		2. 619 5	
t_6	537 898. 848 7		409. 760 0		−0. 421 9
		13 632. 037 7		2. 197 6	
t_7	551 530. 886 4		411. 957 6		
		14 043. 995 3			
t_8	565 574. 881 7				

表 5-2　含有周跳影响的载波相位观测值及其差值

观测历元	$\Phi_k^j(t)$	一次差	二次差	三次差	四次差
t_1	475 833. 225 1				
		11 608. 753 3			
t_2	487 441. 978 4		399. 813 8		
		12 008. 567 1		2. 507 4	
t_3	499 450. 545 5		402. 321 2		100. 579 7
		12 410. 888 3		− 98. 072 3	
t_4	511 861. 433 8		304. 248 9		300. 963 9
		12 715. 137 2		202. 891 6	
t_5	524 575. 571 0		507. 140 5		300. 272 1
		13 222. 277 7		− 97. 380 5	
t_6	537 798. 848 7		409. 760 0		99. 578 1
		13 632. 037 7		2. 197 6	
t_7	551 430. 886 4		411. 957 6		
		14 043. 995 3			
t_8	565 474. 881 7				

由表 5-2 可见，历元 t_5 观测值有周跳，使四次差产生异常。利用高次插值公式，可以外推该历元的正确整周计数，也可根据相邻的几个正确的相位观测值，用多项式拟合法推求整周计数的正确值。

5.4.3　在卫星间求差法

在 GPS 测量中，每一瞬间要对多颗卫星进行观测，因而在每颗卫星的载波相位测量观测值中，所受到的接收机振荡器的随机误差的影响是相同的。在卫星间求差后即可消除此项误差的影响。

5.4.4　用双频观测值修复周跳

对于双频 GPS 接收机，有两个载波频率 f_1 和 f_2。对某 GPS 卫星的载波相位观测值由式（5-18）写为

$$\Phi_1 = \frac{f_1}{c}\rho + f_1\delta t_a - f_1\delta t_b - \frac{f_1}{c}\delta\rho_{f_1} - \frac{f_1}{c}\delta\rho_1 + N_1$$

$$\Phi_2 = \frac{f_2}{c}\rho + f_2\delta t_a - f_2\delta t_b - \frac{f_2}{c}\delta\rho_{f_2} - \frac{f_2}{c}\delta\rho_2 + N_2$$

采用双频脚相位观测值的组合，并考虑到电离层折射改正 $\delta\rho_f = \dfrac{A}{f^2}$（详见第 7 章），则有

$$\Delta\Phi = \Phi_1 - \frac{f_1}{f_2}\Phi_2 = N_1 - \frac{f_1}{f_2}N_2 - \frac{A}{cf_1} + \frac{A}{cf_2^2/f_1}$$

该式右边已把卫星与测站间的距离项 ρ 和卫星与接收机的钟差项以及大气对流层折射改正项

消去，只剩下整周数之差和电离层折射的残差项。利用组合后的 $\Delta\Phi$ 值，便可探测整周数的跳变。因为电离层残差项很小，所以这种方法又叫作电离层残差法。

用双频观测值探测和修复周跳的方法优点是，双频载波相位观测值的组合 $\Delta\Phi$ 中各参数只涉及频率，取决于电离层残差影响，无须预先知道测站和卫星的坐标。缺点是不能顾及多路径效应和测量噪声的影响。另外，如果两个载波相位观测值中都出现周跳，则不能采用这种方法，而只能采用其他方法探测与修复周跳。

5.4.5　根据平差后的残差发现和修复整周跳变

经过上述处理的观测值中还可能存在一些未被发现的小周跳。修复后的观测值中也可能引入 1～2 周的偏差。用这些观测值来进行平差计算，求得测值的残差。由于载波相位测量的精度很高，因而这些残差的数值一般均很小。有周跳的观测值上则会出现很大的残差，据此可以发现和修复周跳。

5.5　GPS 绝对定位与相对定位

GPS 绝对定位也叫作单点定位，即利用 GPS 卫星和用户接收机之间的距离观测值直接确定用户接收机天线在 WGS-84 坐标系中相对于坐标系原点——地球质心的绝对位置。绝对定位又分为静态绝对定位和动态绝对定位。因为受到卫星轨道误差、钟差以及信号传播误差等因素的影响，静态绝对定位的精度约为米级，而动态绝对定位的精度为 10～40 m。这一精度只能用于一般导航定位，远不能满足大地测量精密定位的要求。

GPS 相对定位，是至少用两台 GPS 接收机，同步观测相同的 GPS 卫星，确定两台接收机天线之间的相对位置（坐标差）。它是目前 GPS 定位中精度最高的一种定位方法，广泛应用于大地测量、精密工程测量、地球动力学的研究和精密导航。

本节将分别介绍绝对定位和相对定位的原理与方法。

5.5.1　静态绝对定位

接收机天线处于静止状态下确定观测站坐标的方法称为静态绝对定位。这时，可以连续地在不同历元同步观测不同的卫星，测定卫星至观测站的伪距，获得充分的多余观测量。测定后通过数据处理求得观测站的绝对坐标。

5.5.1.1　伪距观测方程的线性化

不同历元对不同卫星同步观测的伪距观测方程式（5-8）中，有观测站坐标和接收机钟差 4 个未知数。令 $(X_0, Y_0, Z_0)^T$、$(\delta_x, \delta_y, \delta_z)^T$ 分别为观测站坐标的近似值与改正数，将式（5-8）按泰勒级数展开，并令

$$\begin{cases} (\mathrm{d}\rho/\mathrm{d}x)_{x_0} = (X_s^j - X_0)/\rho_0^j = l^j \\ (\mathrm{d}\rho/\mathrm{d}y)_{y_0} = (Y_s^j - Y_0)/\rho_0^j = m^j \\ (\mathrm{d}\rho/\mathrm{d}z)_{z_0} = (Z_s^j - Z_0)/\rho_0^j = n^j \end{cases} \tag{5-19}$$

式中 $\rho_0^j = [(X_s^j - X_0)^2 + (Y_s^j - Y_0)^2 + (Z_s^j - Z_0)^2]^{\frac{1}{2}}$，取至一次微小项的情况下，伪距观测方程的线性化形式为

$$\rho_0^j - (l^j, m^j, n^j)\begin{bmatrix} \delta x \\ \delta y \\ \delta z \end{bmatrix} - c\delta t_k = \rho'^j + \delta\rho_1^j + \delta\rho_2^j - c\delta t^j \tag{5-20}$$

5.5.1.2 伪距法绝对定位的解算

对于任一历元，由观测站同步观测 4 颗卫星，则 $j = 1$，2，3，4，上述式（5-20）为一方程组，令 $c\delta t_k = \delta\rho$，则方程组形式如下（为书写方便，省略 t_i）：

$$
\begin{bmatrix} \rho_0^1 \\ \rho_0^2 \\ \rho_0^3 \\ \rho_0^4 \end{bmatrix} - \begin{bmatrix} l^1 & m^1 & n^1 & -1 \\ l^2 & m^2 & n^2 & -1 \\ l^3 & m^3 & n^3 & -1 \\ l^4 & m^4 & n^4 & -1 \end{bmatrix} \begin{bmatrix} \delta x \\ \delta y \\ \delta z \\ \delta\rho \end{bmatrix} = \begin{bmatrix} \rho'^1 + \delta\rho_1^1 + \delta\rho_2^1 - c\delta t^1 \\ \rho'^2 + \delta\rho_1^2 + \delta\rho_2^2 - c\delta t^2 \\ \rho'^3 + \delta\rho_1^3 + \delta\rho_2^3 - c\delta t^3 \\ \rho'^4 + \delta\rho_1^4 + \delta\rho_2^4 - c\delta t^4 \end{bmatrix} \tag{5-21}
$$

令

$$
A = \begin{bmatrix} l^1 & m^1 & n^1 & -1 \\ l^2 & m^2 & n^2 & -1 \\ l^3 & m^3 & n^3 & -1 \\ l^4 & m^4 & n^4 & -1 \end{bmatrix} \qquad
\begin{aligned}
\delta X &= (\delta x, \delta y, \delta z, \delta\rho)^T \\
L^j &= \rho'^j + \delta\rho_1^j + \delta\rho_2^j + c\delta t^j - \rho_0^j \\
L_i &= (L^1, L^2, L^3, L^4)^T
\end{aligned}
$$

式（5-21）可简写为

$$
A_i\delta X + L_i = 0 \tag{5-22}
$$

当同步观测的卫星数多于 4 颗时，则须通过最小二乘法平差求解，此时式（5-22）可写为误差方程组的形式：

$$
V_i = A_i\delta X + L_i \tag{5-23}
$$

根据最小二乘法平差求解未知数：

$$
\delta X = -(A^T A)^{-1}(A_i^T L_i) \tag{5-24}
$$

未知数中误差：

$$
M_x = \sigma_0\sqrt{q_{ii}} \tag{5-25}
$$

式中，M_x 为未知数中误差，σ_0 为伪距测量中误差，q_{ii} 为权系数阵 Q_x 主对角线的相应元素。

$$
Q_x = (A_i^T A_i)^{-1} \tag{5-26}
$$

在静态绝对定位的情况下，由于观测站固定不动，可以与不同历元同步观测不同的卫星，以 n 表示观测的历元数，忽略接收机钟差随时间变化的情况，由式（5-23）可得相应的误差方程式组：

$$
V = A\delta X + L \tag{5-27}
$$

式中

$$
\begin{aligned}
V &= (V_1, V_2, \cdots, V_n)^T \\
A &= (A_1, A_2, \cdots, A_n)^T \\
L &= (L_1, L_2, \cdots, L_n)^T \\
\delta X &= (\delta x, \delta y, \delta z, \delta\rho)^T
\end{aligned}
$$

按最小二乘法求解得

$$
\delta X = -(A^T A)^{-1}A^T L \tag{5-28}
$$

未知数的中误差仍按式（5-25）估算。

如果观测的时间较长，接收机钟差的变化往往不能忽略。这时可将钟差表示为多项式的形式，把多项式的系数作为未知数在平差计算中一并求解。也可以对不同观测历元引入不同的独立钟差参数，在平差计算中一并解算。

将用户接收机安置在运动的载体上并处于动态情况下，确定载体瞬时绝对位置的定位方法，称为动态绝对定位。此时，一般同步观测 4 颗以上的卫星，利用式（5-24）即可求解出任一瞬间的实时解。关于动态定位的原理和方法的详细论述，请参阅第 6 章有关内容。

5.5.1.3　应用载波相位观测值进行静态绝对定位

应用载波相位观测值进行静态绝对定位，其精度高于伪距法静态绝对定位。在载波相位静态绝对定位中，应注意对观测值加入电离层、对流层等各项改正，防止和修复整周跳变，以提高定位精度。整周未知数解算后，不再为整数，可将其调整为整数，解算出的观测站坐标称为固定解，否则称为实数解。载波相位静态绝对定位解算的结果可以为相对定位的参考站（或基准站）提供较为精密的起始坐标。

5.5.1.4　绝对定位精度的评价

由伪距绝对定位的权系数阵 Q_x〔式（5-26）〕可知，Q_x 在空间直角坐标中的一般形式为

$$Q_x = \begin{bmatrix} q_{11} & q_{12} & q_{13} & q_{14} \\ q_{21} & q_{22} & q_{23} & q_{24} \\ q_{31} & q_{32} & q_{33} & q_{34} \\ q_{41} & q_{42} & q_{43} & q_{44} \end{bmatrix} \tag{5-29}$$

在实际应用中，为了估算测站点的位置精度，常采用其在大地坐标系统中的表达形式。假设在大地坐标系统中相应点位坐标的权系数阵为

$$Q_B = \begin{bmatrix} q'_{11} & q'_{12} & q'_{13} \\ q'_{21} & q'_{22} & q'_{23} \\ q'_{31} & q'_{32} & q'_{33} \end{bmatrix} \tag{5-30}$$

根据方差与协方差传播定律可得

$$Q_B = R Q_x R \tag{5-31}$$

式中

$$R = \begin{bmatrix} -\sin B\cos L & -\sin B\sin L & \cos B \\ -\sin L & \cos L & 0 \\ \cos B\cos L & \cos B\sin L & \sin B \end{bmatrix}$$

$$Q_x = \begin{bmatrix} q_{11} & q_{12} & q_{13} \\ q_{21} & q_{22} & q_{23} \\ q_{31} & q_{32} & q_{33} \end{bmatrix}$$

由权系数阵式（5-29）主对角线元素定义精度因子 *DOP* 后，则相应的精度可表示为

$$M_x = DOP \cdot \sigma_0 \tag{5-32}$$

式中，σ_0 为等效距离误差。

精度因子通常如下：

（1）平面位置精度因子 *HDOP* 及其相应的平面位置精度：

$$HDOP = \sqrt{q'_{11} + q'_{22}}$$

$$M_H = HDOP \cdot \sigma_0 \tag{5-33}$$

（2）高程精度因子 *VDOP* 及其相应的高程精度：

$$VDOP = \sqrt{q'_{33}}$$

$$M_P = VDOP \cdot \sigma_0 \tag{5-34}$$

（3）空间位置精度因子 *PDOP* 及其相应的三维定位精度：

$$PDOP = \sqrt{q_{11} + q_{22} + q_{33}}$$
$$M_P = PDOP \cdot \sigma_0 \tag{5-35}$$

（4）接收机钟差精度因子 $TDOP$ 及其钟差精度：

$$TDOP = \sqrt{q_{44}}$$
$$M_\tau = TDOP \cdot \sigma_0 \tag{5-36}$$

（5）几何精度因子 $GDOP$ 及其三维位置和时间误差综合影响的中误差 M_G：

$$GDOP = \sqrt{q_{11} + q_{22} + q_{33} + q_{44}} = \sqrt{PDOP^2 + TDOP^2}$$
$$M_G = GDOP \cdot \sigma_0 \tag{5-37}$$

精度因子的数值与所测卫星的几何分布图形有关。假设由观测站与 4 颗观测卫星所构成的六面体体积为 V，则分析表明，精度因子 $GDOP$ 与该六面体体积 V 的倒数成正比，即

$$GDOP \propto \sim 1/V \tag{5-38}$$

一般来说，六面体的体积越大，所测卫星在空间的分布范围也越大，$GDOP$ 值越小；反之，六面体的体积越小，所测卫星的分布范围越小，则 $GDOP$ 值越大。在实际观测中，为了减弱大气折射影响，卫星高度角不能过低，所以必须在这一条件下，尽可能使所测卫星与观测站所构成的六面体的体积接近最大。

5.5.2 静态相对定位

相对定位是用两台接收机分别安置在基线的两端，同步观测相同的 GPS 卫星，以确定基线端点的相对位置或基线向量。同样，多台接收机安置在若干条基线的端点，通过同步观测 GPS 卫星可以确定多条基线向量。在一个端点坐标已知的情况下，可以用基线向量推求另一待定点的坐标。

相对定位有静态相对定位和动态相对定位之分。动态相对定位将在第 6 章中详细叙述，这里仅讨论静态相对定位。

5.5.2.1 观测值的线性组合

在两个观测站或多个观测站同步观测相同卫星的情况下，卫星的轨道误差、卫星钟差、接收机钟差以及电离层和对流层的折射误差等对观测量的影响具有一定的相关性，利用这些观测量的不同组合（求差）进行相对定位，可有效地消除或减弱相关误差的影响，从而提高相对定位的精度。

GPS 载波相位观测值可以在卫星间求差，在接收机间求差，也可以在不同历元间求差。各种求差法都是观测值的线性组合。

将观测值直接相减的过程叫作求一次差。所获得的结果被当作虚拟观测值，叫作载波相位观测值的一次差或单差。常用的求一次差是在接收机间求一次差。设测站 1 和测站 2 分别在 t_i 和 t_{i+1} 时刻对卫星 k 和卫星 j 进行了载波相位观测，如图 5-4 所示，t_i 时刻在测站 1 和测站 2，对 k 卫星的载波相位观测值为 $\Phi_1^k(t_i)$ 和 $\Phi_2^k(t_i)$，对 $\Phi_1^k(t_i)$ 和 $\Phi_2^k(t_i)$ 求差，得到接收机间（站间）对 k 卫星的一次差分观测值为

$$SD_{12}^k(t_i) = \varphi_2^k(t_i) - \varphi_1^k(t_i) \tag{5-39}$$

同样，对 j 卫星，其 t_i 时刻站间一次差分观测值为

$$SD_{12}^j(t_i) = \varphi_2^j(t_i) - \varphi_1^j(t_i) \tag{5-40}$$

对另一时刻 t_{i+1}，同样可以列出类似的差分观测值。对载波相位观测值的一次差分观测值继续求差，所得的结果仍可以被当作虚拟观测值，叫作载波相位观测值的二次差或双差。常用的求

二次差是在接收机间求一次差后再在卫星间求二次差，叫作星站二次差分。例如，对在 t_i 时刻 k、j 卫星观测值的站间单差观测值 SD_{12}^k 和 SD_{12}^j 求差，得到星站二次差分 $DD_{12}^{kj}(t_i)$，即双差观测值：

$$DD_{12}^{kj}(t_1) = DD_{12}^j(t_1) - DD_{12}^k(t_1)$$
$$= \varphi_2^j(t_i) - \varphi_1^j(t_i) - \varphi_2^k(t_i) + \varphi_1^k(t_i) \qquad (5\text{-}41)$$

同样在 t_{i+1} 时刻，对 k、j 卫星的站间单差观测值求差也可求得双差观测值。

对二次差继续求差称为求三次差。所得结果叫作载波相位观测值的三次差或三差。常用的求三次差是在接收机、卫星和历元之间求三次差。例如，将时刻接收机 1、2 对卫星 k、j 的双差观测值 DD_{12}^{kj}（t_i）与 t_{i+1} 时刻接收机 1、2 对卫星 k、j 的双差观测值 DD_{12}^{kj}（t_{i+1}）再求差，即对不同时刻的双差观测值求差，便得到三次差分观测值 DD_{12}^{kj}（t_i, t_{i+1}）即三差观测值：

$$DD_{12}^{kj}(t_i - t_{i+1}) = DD_{12}^{kj}(t_{i+1}) - DD_{12}^{kj}(t_i) \qquad (5\text{-}42)$$

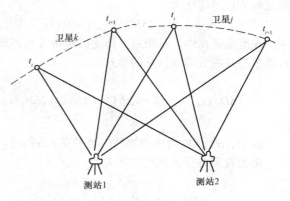

图 5-4　求差法说明图

上述各种差分观测值模型能够有效地消除各种偏差项。单差观测值中可以消除与卫星有关的载波相位及其钟差项，双差观测值中可以消除与接收机有关的载波相位及其钟差项，三差观测值中可以消除与卫星和接收机有关的初始整周模糊度项 N。因此，差分观测值模型是 GPS 测量应用中广泛采用的平差模型。特别是双差观测值即星站二次差分模型，更是大多数 GPS 基线向量处理软件包中必选的模型。

5.5.2.2　观测方程的线性化及平差模型

为了求解观测站之间的基线向量，首先应将观测方程线性化，然后列出相应的误差方程式，应用最小二乘平差原理求解观测站之间的基线向量。为此，设观测站待定坐标近似值向量为 $X_{K0} = (x_{k0}, y_{k0}, z_{k0})$，其改正数向量为 $\delta_{XK} = (\delta_{xk}, \delta_{yk}, \delta_{zk})$，对于载波相位测量观测方程中的 $\rho_k^j(t)$ 项，即观测历元 t 时刻的观测站 k 至所测卫星 j 的距离 ρ，按泰勒级数展开并取其一次微小项，参考式（5-20），有

$$\rho_k^j(t) = \rho_{k0}^j(t) - (l_k^j(t), m_k^j(t), n_k^j(t)) \begin{bmatrix} \delta_{xk} \\ \delta_{yk} \\ \delta_{zk} \end{bmatrix} \qquad (5\text{-}43)$$

其中，$(\delta_x, \delta_y, \delta_z)^T$ 分别为观测站坐标的改正数；l_k^j（t）、m_k^j（t）、n_k^j（t）为式（5-8）的泰勒级数。

1. 单差观测方程的误差方程式模型

对于单差观测值模型，取两观测站为 1、2，将式（5-18）代入式（5-40），有

$$SD_{12}^j(t_i) = \varphi_2^j(t_i) - \varphi_1^j(t_i)$$
$$= -f/c[\rho_2^j(t) - \rho_1^j(t)] +$$
$$\{\delta t_2(t) - \delta t_1(t) + (N_2^j - N_1^j) - [\varphi_2(t) - \varphi_1(t)] + f/c[\delta\rho_{12}(t) - \delta\rho_{11}(t)]\} +$$
$$f/c[\delta\rho_{22}(t) - \delta\rho_{21}(t)]$$
$$\Delta t(t) = \delta t_2(t) - \delta t_1(t), \Delta N^j = N_2^j(t_0) - N_1^j(t_0) \qquad (5\text{-}44)$$

$$\Delta\rho_1(t) = \rho_{12}(t) - \rho_{11}(t), \Delta\rho_2(t) = \rho_{22}(t) - \rho_{21}(t)$$

则单差观测方程为

$$SD_{12}^j(t_i) = -f/c[\rho_2^j(t) - \rho_1^j(t)] + \Delta t(t) + \Delta N^j + f/c[\Delta\rho_2(t) + \Delta\rho_1(t)] \tag{5-45}$$

式中消除了卫星钟差的影响，前面为两观测站接收机相对钟差，最后一项为对流层和电离层的影响。如果利用模型或双频观测技术进行修正，则为修正后的残差对相位观测值的影响，单差观测方程可简化为

$$SD_{12}^j(t_i) = -f/c[\rho_2^j(t) - \rho_1^j(t)] + \Delta t(t) + \Delta N^j \tag{5-46}$$

在两观测站中，以测站 1 作为已知参考点，测站 2 为待定点，应用式（5-43）和式（5-46）可得单差观测方程线性化的形式：

$$SD_{12}^j(t_i) = -f/c[\Delta l_2^j(t), \Delta m_2^j(t), \Delta n_2^j(t)]\begin{bmatrix}\delta x_2\\\delta y_2\\\delta z_2\end{bmatrix} - \Delta\Delta N^k + f/c[\rho_{20}^j(t) - \rho_1^j(t)] \tag{5-47}$$

式中，$\rho_1^j(t)$ 为由观测站 1 至卫星 j 的距离。

单差观测方程的误差方程为

$$V^j(t) = -f/c[l_2^j(t), m_2^j(t), n_2^j(t)]\begin{bmatrix}\delta x_2\\\delta y_2\\\delta z_2\end{bmatrix} + f\Delta t(t) - \Delta N^j + \Delta L^j(t) \tag{5-48}$$

式中　$\Delta L^j(t) = f/c(\rho_{20}^j(t) - \rho_1^j(t)) - SD_{12}^j(t_i)$

两站同步观测 n^j 个卫星的情况下，可以列出 n^j 个误差方程：

$$V(t) = [\Delta V^1(t_1), \Delta V^2(t_2), \cdots, \Delta V^n(t_n)]^T \tag{5-49}$$

设同步观测同一组卫星的历元数为 n_t，则相应的误差方程组为

$$V = [V(t_1), \Delta V(t_2), \cdots, \Delta V(t_n)]^T \tag{5-50}$$

组成方程后便可解算出待定点坐标改正数、钟差等未知参数。

2. 双差观测方程的误差方程式模型

设两观测站同步观测的卫星为 S^j 和 S^k，以 S^j 为参考卫星，应用式（5-41）、式（5-43）可得双差观测方程式（5-41）的线性化形式：

$$DD_{12}^j(t_i) = -f/c[\Delta l_2^j(t), \Delta m_2^j(t), \Delta n_2^j(t)]\begin{bmatrix}\delta x_2\\\delta y_2\\\delta z_2\end{bmatrix} - \Delta\Delta N^k + f/c[\rho_{20}^k(t) - \rho_1^k(t) - \rho_{20}^j(t) + \rho_1^j(t)]$$

$$\tag{5-51}$$

式中，消去了接收机钟差等有关项，式（5-51）被简化为

$$DD_{12}^{jk}(t) = DD_{12}^k(t) - DD_{12}^j(t)$$

$$\begin{bmatrix}\Delta l_2^k(t)\\\Delta m_2^k(t)\\\Delta n_2^k(t)\end{bmatrix} = \begin{bmatrix}l_2^k(t) - l_2^j(t)\\m_2^k(t) - m_2^j(t)\\n_2^k(t) - n_2^j(t)\end{bmatrix}$$

令 $\Delta\Delta L^k(t) = f/c[\rho_{20}^k(t) - \rho_1^j(t) - \rho_{20}^j(t) + \rho_1^j(t)] - SD_{12}^{jk}(t_i)$

则式（5-51）的误差方程形式为

$$V^k(t) = -f/c[\Delta l_2^j(t), \Delta m_2^j(t), \Delta n_2^j(t)]\begin{bmatrix}\delta x_2\\\delta y_2\\\delta z_2\end{bmatrix} - \Delta\Delta N^k + \Delta\Delta L^k(t) \tag{5-52}$$

当两站同步观测的卫星数为 n^j 时，误差方程组如下：

$$V(t) = A(t)\delta X_2 + B(t)\Delta\Delta N + \Delta\Delta L(t) \tag{5-53}$$

式中

$$V(t) = \left[V^1(t), V^2(t), V^{nj-1}(t) \right]^T$$

$$B(t) = \begin{bmatrix} 1 & 0 & \cdots & 0 \\ 0 & 1 & \cdots & 0 \\ \vdots & \vdots & & \vdots \\ 0 & 0 & \cdots & 1 \end{bmatrix}$$

$$\Delta\Delta N = \left(\Delta\Delta N^1, \Delta\Delta N^2, \cdots, \Delta\Delta N^{nj-1} \right)^T$$

$$\Delta\Delta L(t) = \left[\Delta\Delta L^1(t), \Delta\Delta L^2(t), \cdots, \Delta\Delta L^{nj-1}(t) \right]^T$$

$$\delta X_2 = (\delta x_2, \delta y_2, \delta z_2)^T$$

如果在基线两端对同一组卫星观测的历元数为 n_t，相应的误差方程组为

$$V = (A, B)\begin{bmatrix} \delta X_2 \\ \Delta\Delta N \end{bmatrix} + L \tag{5-54}$$

式中

$$A = \left[A(t_1), A(t_2), \cdots, A(t_{nt}) \right]^T$$

$$B = \left[B(t_1), B(t_2), \cdots, B(t_{nt}) \right]^T$$

$$L = \left[\Delta\Delta L(t_1), \Delta\Delta L(t_2), \cdots, \Delta\Delta L(t_{nt}) \right]^T$$

$$V = \left[V(t_1), V(t_2), \cdots, V(t_{nt}) \right]^T$$

相应的法方程式为

$$N\Delta X + U = 0 \tag{5-55}$$

式中

$$\Delta X = (\delta X_2, \Delta\Delta N)^T$$

$$N = (AB)^T P(AB) = (AB)^T PL$$

P 为双差观测值的权阵。

与单差观测值不同的是，双差观测值之间有相关性，这里的权阵 P 不再是对角阵。如在一次观测中对 n^j 个卫星进行相位测量，可以组成 $n^j - 1$ 个双差观测值。形成这些双差观测值时，有的单差观测值被使用多次，因而双差观测值是相关的。为使权阵形式较为简洁，可以选择一个参考卫星，其他卫星的观测值都与参考卫星的单差观测值组成双差。例如选择卫星 1 作为 t_i 观测历元的参考卫星，则观测历元 t_i 时，$n^j - 1$ 个双差观测值的相关系数为 1/2，其协因数阵为

$$Q_i = \begin{bmatrix} 2 & 1 & \cdots & 1 \\ 1 & 2 & \cdots & 1 \\ \vdots & \vdots & & \vdots \\ 1 & 1 & \cdots & 2 \end{bmatrix} \tag{5-56}$$

不同观测历元取得的双差观测值彼此不用管。在一段时间内（n_t 个历元）取得的双差观测值，其协因数阵为一分块对角阵。

$$Q = \begin{bmatrix} Q_1 & & & 0 \\ & Q_2 & & \\ & & O & \\ 0 & & & Q_{nt} \end{bmatrix} \tag{5-57}$$

这样，双差观测的模型基线解为

$$\Delta X = - N^{-1}U \tag{5-58}$$

对于三差模型，模型中消除了整周不定参数，通过列立误差方程、法方程，可以直接解出基线解，在此不再赘述。

5.6 美国的 GPS 政策

5.6.1 美国的 SA 和 AS 政策

GPS 卫星发射的无线电信号含有两种精度不同的测距码，即所谓 P 码（也称精码）和 C/A 码（也称粗码）。相应两种测距码 GPS 将提供两种定位服务方式，即精密定位服务（PPS）和标准定位服务（SPS）。

精密定位服务的主要对象是美国军事部门和其他特许的部门。这类用户可利用 P 码获得精度较高的观测量，且能通过卫星发射的两种频率的信号进行测距，以消除电离层折射的影响。利用 P 码进行单点实时定位的精度可优于 10 m。

标准定位服务的主要对象是广大的用户。利用 SPS 所得到的观测量精度较低，且只能采用调制在一种频率上的 C/A 码进行测距，无法利用双频技术消除电离层折射的影响。其单点实时定位的精度为 20 ~ 30 m。

美国为了防止未经许可的用户把 GPS 用于军事目的（进行高精度实时动态定位），于 1989 年 11 月开始至 1990 年 9 月，进行 SA 技术和 AS 技术的实验，并于 1991 年 7 月开始实施 SA 技术。

5.6.1.1 SA 技术

SA（Selective Availability）技术称为有选择可用性技术，即人为地将误差引入卫星钟和卫星数据中，故意降低 GPS 定位精度，使 C/A 码定位的精度从原来的 20 m 降低到 100 m。

SA 技术的主要内容如下：

（1）在广播星历中，对 GPS 卫星的基准频率采用 δ 技术，使星历精度降低，其变化为无规律的随机变化。

（2）在卫星钟的钟频信号中加高频抖动（ε 技术）。

5.6.1.2 AS 技术

AS（Anti–Spoofing）技术称为反电子欺骗技术。其方法是将 P 码与保密的 W 码相加成 Y 码，Y 码严格保密。其目的是防止敌方使用 P 码进行精密导航定位。当实施 AS 技术时，非特许用户将不能接收到 P 码。这项技术仅在特殊情况下使用。

5.6.1.3 SA 技术和 AS 技术对定位的影响

（1）降低单点定位的精度。

（2）降低长距离相对定位的精度。

（3）AS 技术会对高精度相对定位数据处理、整周未知数的确定带来不便。

是否实施 SA 政策，用户可以从导航电文中的 URA（测距精度）值中判别出。如 Trimble 4 000 型接收机，当 URA 为 20 以内时，说明未实施 SA 政策，当值为 30 ~ 64 时，说明实施 SA 政策。对 Ashtech Z12 型接收机，当 N 值为 2 ~ 3 时，未实施 SA 政策，否则就实施 SA 政策。表5-3 中列出了 1994 年 2 月 20 日记录的 26 颗卫星 URA 值。可见只有 03、12、13、15、20 5 颗卫星未实施

SA 政策。其余都实施了 SA 政策，并都是 BLOCK Ⅱ 卫星。

表 5-3　26 颗卫星 URA 值

SV	01	02	03	04	05	07	09	12	13	14	15	16	17
URA	32	32	4	32	32	32	32	4	4	32	4	32	32
SV	18	19	20	21	22	23	24	25	26	27	28	29	31
URA	32	32	4	32	32	32	32	32	32	32	32	32	32

5.6.2　GPS 现代化计划

GPS 现代化计划包括 GPS 信号现代化、开发第三代 GPS 卫星和地面控制部分现代化。

5.6.2.1　GPS 信号现代化

系统计划新增 4 个信号，包括在 L_2 和 L_5 载波上新增两个民用信号，在 L_1 和 L_2 载波上新增两个军用 M 码信号。新增民用 L_5 信号可用于航空无线电导航服务，其频率为 $f_{L5} = 1\ 176.45$ MHz。增加的两个民用信号对于单点实时 GPS 用户，将改善定位精度，提高信号可用性和完善性，增强服务连续性和抗射频干扰能力，有助于高精度的短基线和长基线差分应用。对于军用信号，现代化计划保护作战区内的军用服务，防止敌方使用 GPS 服务。军用 PPS 服务中提供新的军用 M 码，比现有 P（y）码功率大 20 dB。

为了克服大气层延迟误差影响，使用 L_2C/A 码与 $4L_1$ 相结合，将使电离层误差从 7.0 m 降到 0.1 m。

5.6.2.2　开发第三代 GPS 卫星

目前，GPS 卫星星座由 31 颗卫星构成，包括 16 颗 Block ⅡA、12 颗 Block ⅡR 和 3 颗 Block ⅡRM。Block ⅡRM 卫星作为 Block ⅡR 卫星的升级替代产品，可传播新的民用 L2 频率 L2C（Code on 氏）码和军用 M 码信号。

除了 Block ⅡR 和 Block ⅡF 卫星研发计划外，GPS 现代化计划提供了 GPS Ⅲ 卫星研发计划。GPS Ⅲ 卫星具有 GPS ⅡR 卫星的全部装备，并提高了 M 码信号功率，改善了信号的抗干扰性能。GPS Ⅲ 卫星 M 码有望于 2021 年具备初始运行能力，整星座运行至少要到 2030 年才有望实现。GPS Ⅲ 卫星星座可能采用的两种星座构型：3 轨道平面新型星座构型和现行 6 轨道平面星座构型。在轨工作卫星数目计划为 27～33 颗。

5.6.2.3　地面控制部分现代化

地面控制部分现代化启动于 2000 年，主要通过新增 6 个美国国家图像与测图局地面站改善 GPS 卫星跟踪站网。这些跟踪站采用全新的数据上传策略，并通过控制系统卡尔曼滤波对其进行单独处理。GPS 卫星跟踪站网的改进对改善 GPS 轨道测量数据的连续性、可用性和相关参数估计，以及提高控制系统向卫星上传导航数据的更新率起到了至关重要的作用。

5.6.3　针对 SA 和 AS 政策的对策

针对美国政府的 SA 和 AS 政策，应采取以下几项措施：

（1）应用 P－W 技术和 L_1 与 L_2 交叉相关技术，使 L_2 载波相位观测值得到恢复，其精度与使用 P 码相同。GPS 接收机接收到的 L_1 和 L_2 载波上，存在着分别调制的 Y 码，而 Y 码是 P 码与一显著低速率的保密码 W 的叠加。P、W 技术的基本原理是将接收到的 L_1 和 L_2 信号和接收机生成的以原 P 码信号为基础的人工复制信号相关，并将频带宽度降低得到密码带宽，便可获得未知的 W 码调制信号的估值，然后，应用反向频率信号处理法，将上述接收到的信号减去 W 码的估值，就可以消除 W 码的大部分影响，从而恢复 P 码。利用 L_1 与 L_2 的交叉相关技术，可以辨认 $(Y_1 - Y_2)$ 的值，由此可得到相应的伪距差 $\rho(Y_1 - Y_2)$，将它和 L_1 的 C/A 码伪距 ρ_{L_1} 叠加，得 L_2 码伪距，即 $\rho_{12} = \rho_{L_1} + \rho(Y_1 - Y_2)$。还有窄相关技术，使 C/A 码的多路径效应大大降低。使用 L_1 波段的伪距测量精度接近 P 码技术。

（2）研制能同时接收 GPS 和 GLONASS 信号的接收机。俄罗斯的 GLONASS 与 GPS 最大的区别在于：GLONASS 无 SA 技术，即无须顾虑精度的降低和对精密信号的加密。GLONASS 接收机定位精度优于 GPS 接收机。1996 年，Ashtech 公司开发了一种先进的技术，生产出 GG24 和 GGRTK 接收机，同时接收 GPS 和 GLONASS 两个系统的卫星信号进行定位。将 GPS 和 GLONASS 构成拥有 48 颗卫星星座的组合系统，弥补 GPS 系统的局限性，从整体上改善了系统的有效性、完整性和定位精度，保证了在有障碍环境中观测时同步观测的卫星个数和定位精度。

（3）发展 DGPS 和 WADGPS 差分 GPS 系统。目前已在不少国家和地区发展了 DGPS 和 WADGPS 系统，实时差分定位精度可达厘米级。实时差分 GPS 系统的发展，为 GPS 应用开辟了新的领域，在陆地、海上、空中、民用、军用等各个领域中即将得到进一步推广。

（4）建立独立的 GPS 卫星测轨系统。利用 GPS 卫星，建立独立的跟踪系统，以精密地测定卫星的轨道，为用户提供精密星历服务，是一项经济有效的措施。它对开发 GPS 的广泛应用具有重大意义。

（5）除美国一些民用部门外，加拿大、澳大利亚和欧洲的一些国家都在实施建立区域性或全球精密测轨系统的计划。其中值得注意的是，以美国为首的从 1986 年开始建立的国际合作 GPS 卫星跟踪网（CIGNET – Cooperative International GPS Satellite Tracking Network），其跟踪站的分布已扩展至南半球，预计该跟踪网的测轨精度可达分米级。建立区域性测轨系统的措施对我国利用和普及 GPS 定位技术，推进测绘科学技术的现代化，也具有重要的现实意义。

（6）建立独立的卫星导航与定位系统。目前，一些国家和地区正在发展自己的卫星导航与定位系统。尤其是俄罗斯的全球导航系统 GLONASS 引起了世界各国的兴趣。另外，欧洲也正在发展一种以民用为主的卫星导航系统 GALILEO。

（7）建立自己的卫星导航与定位系统，尽管可以完全摆脱对美国 GPS 的依赖，但这是一项技术复杂、耗资巨大的工程，对于经济和技术尚在发展中的国家来说将是困难的。

应当指出，为了克服美国 SA 政策的影响，一些学者正在致力于开发新的数据处理方法和软件，这一工作对于 GPS 的应用具有深远意义。

美国政府考虑到目前 GPS 技术发展的趋势，涉及美国 10 万人的就业，年收益 20 亿~80 亿美元，于是克林顿总统于 1996 年 3 月 29 日发出总统对 GPS 决策指令：在下一个 10 年内终止 SA 政策。

5.7 差分 GPS 定位原理

差分技术很早就被人们应用。比如相对定位中，在一个测站上对两个观测目标进行观测，将观测值求差；或在两个测站上对同一个目标进行观测，将观测值求差；或在一个测站上对一个目标进行两次观测求差。其目的是消除公共误差，提高定位精度。利用求差后的观测值解算两观测站之间的基线向量，这种差分技术已经用于静态相对定位。

本节讲述的差分 GPS 定位技术是将一台 GPS 接收机安置在基准站上进行观测。根据基准站已知精密坐标，计算出基准站到卫星的距离改正数，并由基准站实时地将这一改正数发送出去。

用户接收机在进行 GPS 观测的同时，也接收到基准站的改正数，并对其定位结果进行改正，从而提高定位精度。

GPS 定位中，存在着三部分误差：一是多台接收机公有的误差，如卫星钟误差、星历误差；二是传播延迟误差，如电离层误差、对流层误差；三是接收机固有的误差，如内部噪声、通道延迟、多路径效应。采用差分定位，可完全消除第一部分误差，可大部分消除第二部分误差（视基准站至用户的距离）。

差分 GPS 可分为单基准站差分、具有多个基准站的局部区域差分和广域差分三种类型。

5.7.1　单站 GPS 的差分（SRDGPS）

单站差分按基准站发送的信息方式可分为位置差分、伪距差分和载波相位差分三种，其工作原理大致相同。

5.7.1.1　位置差分原理

设基准站的精密坐标已知 (X_0, Y_0, Z_0)，在基准站上的 GPS 接收机测出的坐标为 X、Y、Z（包含着轨道误差、时钟误差、SA 影响、大气影响、多路径效应及其他误差），即可按下式求出其坐标改正数：

$$\begin{cases} \Delta X = X_0 - X \\ \Delta Y = Y_0 - Y \\ \Delta Z = Z_0 - Z \end{cases} \tag{5-59}$$

基准站用数据链，将这些改正数发送出去，用户接收机在解算时加入以上改正数：

$$\begin{cases} X_p = X'_p + \Delta X \\ Y_p = Y'_p + \Delta Y \\ Z_p = Z'_p + \Delta Z \end{cases} \tag{5-60}$$

式中，X_p、Y_p、Z_p 为用户接收机自身观测结果，X_p、Y_p、Z_p 为经过改正后的坐标。顾及用户接收机位置改正值的瞬时变化，上式可进一步写成

$$\begin{cases} X_p = X'_p + \Delta X + \mathrm{d}(\Delta X)/\mathrm{d}t(t - t_0) \\ Y_p = Y'_p + \Delta Y + \mathrm{d}(\Delta Y)/\mathrm{d}t(t - t_0) \\ Z_p = Z'_p + \Delta Z + \mathrm{d}(\Delta Z)/\mathrm{d}t(t - t_0) \end{cases} \tag{5-61}$$

式中 t_0 为校正的有效时刻。

这样，经过改正后的用户坐标就消除了基准站与用户站共同的误差。

这种方法的优点：计算简单，适用于各种型号的 GPS 接收机。

这种方法的缺点：基准站与用户必须观测同一组卫星，这在近距离可以做到，但距离较长时很难满足。故位置差分只适用于 100 km 以内。

5.7.1.2　伪距差分原理

伪距应用最广的一种差分。在基准站上，观测所有卫星，根据基准站已知坐标 (X_0, Y_0, Z_0) 和测出的各卫星的地心坐标 (X^j, Y^j, Z^j)，按下式求出每颗卫星每一时刻到基准站的真正距离 R^j：

$$R^j = [(X^j - X_0)^2 + (Y^j - Y_0)^2 + (Z^j - Z_0)^2]^{\frac{1}{2}} \tag{5-62}$$

其伪距为 ρ_0^j，则伪距改正数为

$$\Delta \rho^j = R^j - \rho_0^j \tag{5-63}$$

其变化率为

$$\mathrm{d}\rho^j = \Delta\rho^j/\Delta t \tag{5-64}$$

基准站将 $\Delta\rho^j$ 和 $\mathrm{d}\rho^j$ 发送给用户，用户在测出的伪距 ρ^j 上加改正数，求出经改正后的伪距：

$$\rho_p^j(t) = \rho^j(t) + \Delta\rho^j(t) + \mathrm{d}\rho^j(t - t_0) \tag{5-65}$$

并按下式计算坐标：

$$\rho_p^j = \left[(X^j - X_p)^2 + (Y^j - Y_p)^2 + (Z^j - Z_p)^2 \right]^{\frac{1}{2}} + c\delta t + V_1 \tag{5-66}$$

式中，δt 为钟差，V_1 为接收机噪声。

伪距差分的优点：基准站提供所有卫星的改正数，用户接收机观测任意 4 颗卫星，就可完成定位。因提供的是 $\Delta\rho^j$ 和 $\mathrm{d}\rho^j$ 改正数，可满足 RTCMSC-104 标准（国际海事无线电委员会）。

伪距差分的缺点：差分精度随基准站到用户的距离增加而降低。

5.7.1.3 载波相位差分原理

位置差分和伪距差分能满足米级定位精度，已广泛应用于导航、水下测量等。而载波相位差分，可使实时三维定位精度达到厘米级。

载波相位差分技术又称 RTK（Real Time Kinematic）技术，是实时处理两个测站载波相位观测量的差分方法。载波相位差分方法分为两类：一类是修正法；另一类是差分法。所谓修正法是将基准站的载波相位修正值发送给用户，改正用户接收到的载波相位，再解求坐标。所谓差分法是将基准站采集的载波相位发送给用户，进行求差解算坐标。可见，修正法属准 RTK，差分法为真正 RTK。将式（5-66）写成载波相位观测量形式即可得出相应的方程式：

$$R_0^j + \lambda(N_{p0}^j - N_0^j) + \lambda(N_p^j - N^j) + \varphi_p^j - \varphi_0^j$$
$$= \left[(X^j - X_p)^2 + (Y^j - Y_p)^2 + (Z^j - Z_p)^2 \right]^{\frac{1}{2}} + \Delta\mathrm{d}\rho \tag{5-67}$$

式中，N_{p0} 表示用户接收机起始相位模糊度，N_0 为基准点接收机起始相位模糊度；N_p 为用户接收机起始历元至观测历元相位整周数，N^j 为基准点接收机起始历元至观测历元相位整周数；φ_p^j 为用户接收机测量相位的小数部分，φ_0^j 为基准点接收机测量相位的小数部分；$\Delta\mathrm{d}\rho$ 同一观测历元各项残差，其他符号同前。

这里关键是求解起始相位模糊度。求解起始相位模糊度通常用删除法、模糊度函数法、FARA 法、消去法。用某种方法时式（5-67）应做相应的改变。

RTK 技术可应用于海上精密定位、地形测图和地籍测绘。

RTK 技术也同样受到基准站至用户距离的限制，为解决此问题，发展成局部区域差分和广域差分定位技术。通常把一般差分定位系统叫作 DGPS，把局部区域差分定位系统叫作 LADGPS，把广域差分系统叫作 WADGPS。

差分定位的关键技术是高波特率数据传输的可靠性和抗干扰问题。

单站差分 GPS 系统结构和算法简单，技术上较为成熟，主要用于小范围的差分定位工作。对于较大范围的区域，则应用局部区域差分技术，对于一国或几个国家范围的广大区域，应用广域差分技术。

5.7.2 局部区域 GPS 差分系统（LADGPS）

在局部区域中应用差分 GPS 技术，应该在区域中布设一个差分 GPS 网，该网由若干个差分 GPS 基准站组成，通常还包含一个或数个监控站。位于该局部区域中的用户根据多个基准站所提供的改正信息，经平差后求得自己的改正数。这种差分 GPS 定位系统称为局部区域差分 GPS 系统，简称 LADGPS。

局部区域差分 GPS 技术通常采用加权平均法或最小方差法对来自多个基准站的改正信息

（坐标改正数或距离改正数）进行平差计算以求得自己的坐标改正数或距离改正数。其系统由多个基准站构成，每个基准站与用户之间均有无线电数据通信链。用户与基准站之间的距离一般在 500 km 以内才能获得较好的精度。

5.7.3　广域差分

5.7.3.1　广域差分 GPS 系统的基本思想

广域差分 GPS 的基本思想是对 GPS 观测量的误差源加以区分，并单独对每一种误差源分别加以"模型化"，然后将计算出的每一误差源的数值通过数据链传输给用户，以对用户 GPS 定位的误差加以改正，达到削弱这些误差源、改善用户 GPS 定位精度的目的。具体而言，它集中表现在三个方面：

（1）星历误差：广播星历是一种外推星历，精度不高，若再受 SA 的 ε 抖动，精度会降至 100 m，它是 GPS 定位的主要误差来源之一。广域差分 GPS 依赖区域精密定轨，确定精密星历，取代广播星历。

（2）大气延时误差（包括电离层延时和对流层延时）：常规差分 GPS 提供的综合改正值，包含参考站外的大气延时改正，当用户距离参考站很远时，两地大气层的电子密度和水汽密度不同，对 GPS 信号的延时也不一样，使用参考站处的大气延时量来代替用户的大气延时必然引起误差。广域差分 GPS 技术通过建立精确的区域大气延时模型，能够精确地计算出其作用区域内的大气延时量。

（3）卫星钟差误差：精确改正上述两种误差后，残余误差中卫星钟差误差影响最大，常规差分 GPS 利用广播星历提供的卫星钟差改正数，这种改正数仅近似反映卫星钟与标准 GPS 时间的物理差异，实际上，受 SA 的 ε 抖动影响，卫星钟差随机变化达 ± 300 ns，等效伪距为 ± 90 m，广域差分 GPS 可以计算出卫星钟各时刻的精确钟差值。

5.7.3.2　广域差分 GPS 系统的工作流程

广域差分 GPS 系统就是为削弱这三种主要误差源而设计的一种工程系统。该系统一般由一个中心站、几个监测站及其相应的数据通信网络组成，另外还有覆盖范围内的若干用户。根据系统的工作流程，可以分解为如下步骤：

（1）在已知坐标的若干监测站上，跟踪观测 GPS 卫星的伪距、相位等信息。

（2）将监测站上测得的伪距、相位和电离层延时的双频量测结果全部传输到中心站。

（3）中心站在区域精密定轨计算的基础上，计算出三项误差改正，包括卫星星历误差改正、卫星钟差改正及电离层时间延迟改正模型。

（4）将这些误差改正用数据通信链传输到用户站。

（5）用户利用这些误差改正自己观测到的伪距、相位和星历等，计算出高精度的 GPS 定位结果。

5.7.3.3　广域差分 GPS 系统（WADGPS）的特点

广域差分 GPS 技术区分误差的目的是最大限度地降低监测站与用户站之间定位误差的时空相关，克服 LADGPS 对时空的强依赖性，改善和提高 LADGPS 中实时差分定位的精度。同 LADGPS 相比，WADGPS 有如下特点：

（1）中心站、监测站与用户站的站间距离从 100 km 增加到 2 000 km，定位精度不会出现明显的下降，这就是说，WADGPS 中用户的定位精度对空间距离的敏感程度比 LADGPS 低得多。

（2）在大区域内建立 WADGPS 网，需要的监测站数量很少，投资自然减少，比 LADGPS 具有更大的经济效益。据估计，在美国大陆的任意地方要达到 5m 的差分定位精度，使用 LADGPS

方式的参考站个数将超过 500 个，而使用 WADGPS 方式的监测站个数将小于 10 个，其间的经济效益可见一斑。

（3）WADGPS 是一个定位精度均匀分布的系统，覆盖范围内任意地区定位精度相当，而且定位精度较 LADGPS 高。

（4）WADGPS 的覆盖区域可以扩展到 LADGPS 不易作用的地域，如远洋、沙漠、森林等。

（5）WADGPS 使用的硬件设备及通信工具昂贵，软件技术复杂，运行和维持费用较 LADGPS 高得多，而且 WADGPS 的可靠性与安全性可能不如单个的 LADGPS。

5.7.3.4 我国建立广域差分 GPS 系统的方案

目前，我国已初步建立了北京、拉萨、乌鲁木齐、上海四个永久性 GPS 监测站，还计划增设武汉、哈尔滨两站，拟订在北京或武汉建立数据处理中心和数据通信中心（中心站），各站之间的关系及数据流程如图 5-5 所示。

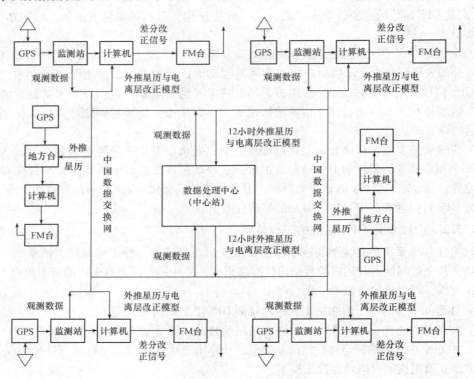

图 5-5 WADGPS 系统框图

5.7.3.5 我国广域差分 GPS 系统 C/A 码单点定位试验

利用 C/A 码伪距，广播星历中提供的电离层修正参数和 NGS 精密星历（5~6 m 精度），以库尔勒、喀什、和田为监测站（测站地心坐标精度优于 0.2 m），构成小区域网，选择这一小网不同距离的乌鲁木齐、拉萨、狮泉河、下关作为用户位置，根据小网计算卫星相对钟差，用伪距按单站星间单差计算用户测站坐标，各用户测站每个历元计算结果与国家 A 级点计算坐标差异见表 5-4。表中结果表明：采用广域差分 GPS 技术进行差分定位，在 3 000 km 范围内，利用 C/A 码伪距单点定位精度几乎没有什么变化，其分量精度一般优于 2 m，点位精度一般优于 4 m，这充分体现了广域差分 GPS 系统的精度潜力。当然，上述定位计算采用的卫星相对钟差相当于零延时，实际上是略有延时的，对定位略有影响。

表 5-4　广域差分 GPS 系统差分单点定位精度分析

用户位置	距"广域差分网"距离/km	X 差/m		F 差/m		Z 差/m	
		一般	最大	一般	最大	一般	最大
乌鲁木齐	400 ~ 600	− 1.0	− 2.5	+ 0.4	2.5	− 0.5	− 1.9
拉萨	900 ~ 1 000	− 1.2	− 2.8	+ 0.6	2.3	+ 0.4	− 3.0
狮泉河	1 300 ~ 1 500	− 1.2	− 2.6	− 0.3	2.5	+ 1.2	− 2.5
下关	2 200 ~ 2 700	− 2.0	− 3.0	+ 0.5	2.8	− 0.5	− 0.2

5.7.4　多基准站 RTK 技术（网络 RTK）

多基准站 RTK 技术也叫作网络 RTK，是对普通 RTK 方法的改进。它是一种基于多基准站网络的实时差分定位系统，可克服常规 RTK 的缺陷，实现长距离（70 ~ 100 km）RTK 定位。多基准站 RTK 技术的基础是建立多个 GPS 基准站，即建立多个基准站连续运行卫星定位导航服务系统（Continuously Operating Reference Stations，CORS）。建立 CORS 已是测绘的基础建设，网络 RTK 将得到广泛应用。

目前，多基准站 RTK 系统差分改正信息生成的方式有两种：一种是虚拟参考站技术，即 VRS（Virtual Reference Stations）；另一种是区域改正数技术 FKP（德语：Flachen Korrectur Parameter，即 Area Correction Parameter）。

5.7.4.1　多基准站 RTK 系统工作原理

1. VRS 技术

VRS 技术的模型由 Herbert Landau 博士提出。其工作原理是在某一大区域（或某一城市）内，建立若干个（3 个以上）连续运行的 GPS 基准站；根据这些 GPS 基准站的观测值（由于 GPS 基准站有长时间的观测，故点位坐标精度很高），建立区域内 GPS 主要误差模型（如电离层、对流层、卫星轨道等误差模型）；系统运行时将这些误差从基准站的观测值中减去，形成"无误差"的观测值；一旦接收到移动站（用户—单台 GPS 接收机）的概略坐标，即在移动站附近（几米到几十米）建立起一个虚拟参考站；移动站与虚拟参考站进行载波相位差分改正，实现实时 RTK。由于其差分改正是经多个基准站观测资料有效组合求出的，可有效地消除电离层、对流层和卫星轨道等误差，哪怕移动站远离基准站 100 km，也能很快确定自己的模糊度，实现厘米级快速实时定位。

2. FKP 技术

FKP 技术的模型由 Gerhard Wuebenna 博士提出。其工作原理是在某一大区域（或某一城市）内，建立若干个（3 个以上）连续运行的 GPS 基准站；各基准站将每一个观测瞬间所采集的未经差分处理的同步观测值，实时地传输到控制中心站；经控制中心站实时处理，产生一个 FKP 误差改正数，然后通过 RTGM 发送给区域内各移动站；移动站将自身的观测值和 FKP 误差改正数经有效组合，完成实时 RTK。

我国测绘工作者经实践比较，普遍认为 VRS 技术在系统安全性、稳定性及软件应用等都比较成熟，故我国各省（市、自治区）建立的连续运行卫星定位导航服务系统（CORS）大多选用 VRS 技术。

5.7.4.2 连续运行卫星定位导航服务系统（CORS）的组成及功能

连续运行卫星定位导航服务系统（CORS）是测绘的基础设施建设，也是信息社会、知识经济时代必备的基础设施。它可应用于城市规划、交通、国土资源、地震、气象、测绘、水利、林业、农业、环保、金融、商业、旅游、防灾减灾等领域和行业。该系统目前使用 GPS，以后可能综合应用 GPS、GLONASS、GALILEO 和 BDS。

CORS 由若干个连续运行的 GPS 基准站、数据处理控制中心、数据传输与发播系统和移动站（用户—单台 GPS 接收机）组成。

1. 连续运行 GPS 基准站系统

一个区域 CORS 基准站的个数，视区域大小决定。GPS 基准站的功能是连续进行 GPS 观测，并实时将 GPS 观测值传输至数据处理控制中心。这些 GPS 基准站也可提供动态参考框架，为维护国家坐标系、国防、航天、地壳板块运动监测、GPS 气象等服务。

2. 数据处理控制中心

一个区域 CORS 只建一个数据处理控制中心。数据处理控制中心根据各 GPS 基准站的观测值，计算区域电离层、对流层、卫星轨道等误差，并实时将各 GPS 基准站的观测值减去其误差改正，再结合移动站的概略坐标计算出在移动站附近的虚拟参考站的相位差分改正（为网络 RTK 服务），实时地传输至数据传输与发播系统。数据处理控制中心也可计算精密星历，使事后定位精度精确到毫米级，为大地测量、地球动力学、地震预报、气象学、城市测绘、测图等服务。

3. 数据传输与发播系统

数据传输与发播系统实时接收数据处理控制中心的相位差分改正，并实时发布（可采用 FM，或 GSM、CDMA、COPD、Internet），供各移动站接收使用。CORS 发播的差分信息，可应用于 LADGPS 和 WADGPS。CORS 也可发布精密星历，供精密定位使用。

4. 移动站（用户）

移动站（用户）即单台 GPS 接收机。它实时接收由数据传输与发播系统的相位差分改正信息，结合自身 GPS 观测值，组成双差相位观测值，快速确定整周模糊度参数和位置信息，完成厘米级实时定位。也可进行静态相对定位，获取毫米级高精度的三维坐标。

5.7.4.3 连续运行卫星定位导航服务系统（CORS）的性能指标

连续运行卫星定位导航服务系统（CORS）除为网络 RTK 提供服务外，还可广泛应用于区域国土资源动态监测、城市基础测绘、工程测量、城市规划、市政建设、交通管理、地震及地面沉降灾害监测和气象预报等领域。表 5-5 列出了 CORS 的主要应用领域及性能指标。

表 5-5 CORS 的主要应用领域及性能指标

应用领域	主要用途	精度	使用时间	响应速度
智能交通	车、船行程管理、自主导航	±1 ~ ±10 m	24 h/（365 天）	延时≤3 s
空中交管	飞机进近与着陆	±0.5 ~ ±6 m	24 h/（365 天）	延时≤1 s
公共安全	特种车辆监控、事态应急	±1∪±10 m	24 h/（365 天）	延时≤3 s
农业管理	精细农业、土地平整	±0.1 ~ ±0.3 m	20 h/（365 天）	延时≤5 s
港口管理	船只、车辆、飞机进港后调度	±0.5 ~ ±1 m	24 h/（365 天）	延时≤3 s
线路测绘	通信、电力、石油等测绘	±0.1 ~ ±5.0 m	20 h/（365 天）	准实时
地理信息	城市规划、管理	±0.1 ~ ±5.0 m	12 h/（365 天）	准实时
工程施工	施工、放样、管理	±0.01 ~ ±0.1 m	24 h/（365 天）	准实时
形变监测	安全监测	±0.001 ~ ±0.005 m	24 h/（365 天）	准实时、事后

目前，我国各省（市、自治区）相继建立了 40 多个 CORS。大的 CORS 有 30 个 GPS 基准站，小的有4~6 个 GPS 基准站。若能将各省（市、自治区）的 CORS 有机地组合起来，组成中国连续运行卫星定位导航服务系统，将会发挥更大的作用。

5.7.5　全球实时 GPS 差分系统

其是使用 StarFire™网络（国际海事卫星广播）和 NavCom 全球差分 GPS 系统，在南北纬76°之间的任何时候、任何地点，无须架设基准站，只需拥有一台 GPS 接收机就能在全球完成分米级定位精度的实时 GPS 差分系统。该系统于 1999 年 4 月开始运行以来，具备 99.99% 的联机可靠性。该系统又简称为 RTG。

5.7.5.1　全球实时 GPS 差分系统原理

RTG 技术采用在世界范围内的 28 个双频参考站来对差分信息进行收集。这些信息收集以后发回数据处理中心，经数据处理中心处理后，形成一组差分改正数，将其传送到卫星上，然后通过卫星在全世界范围内进行广播。采用 RTG 技术的 GPS 接收机在接收 GPS 卫星信号的同时接收卫星发出的差分改正信号，从而达到实时高精度定位。

5.7.5.2　全球实时 GPS 差分系统组成

系统由地面与空间卫星两部分构成。

1. 地面部分

地面部分由 GPS 基准站、数据处理中心和卫星上传系统构成。

（1）GPS 基准站：全球基准站共有 28 个，这些基准站均配有双频 GPS 接收机，24 h 连续作业采集差分改正信息，并实时向数据中心发送已采集信息。

（2）数据处理中心：数据处理中心有 2 个，位于北美地区。中心接收全世界 28 个基准站数据，然后经分析系统解算出一组全球通用的差分改正信号，发送至卫星信号上传系统。

（3）卫星上传系统：上传系统位于北美。它将从数据中心接收到的信息实时发送给海事卫星。

2. 空间卫星部分

空间卫星部分由 3 颗卫星沿赤道轨道平行分布的地球同步卫星组成。由于其轨道较高，可以覆盖南北纬76°之间的所有范围。在其覆盖范围内，均可以接收到稳定的、同等质量的差分改正信号，从而达到世界范围内同等精度。

5.8　GNSS 测量误差影响及对策

作为当前最先进的 GNSS 测量来说，也不可避免地存在测量误差，接收机误差和信号传播误差（在真实的测量环境中必然存在）同样成为影响 GNSS 定位测量精度的主要因素。本节在对GNSS 测量的误差进行讨论和分析的基础上，介绍消除或减弱各项误差影响的方法和措施，为GNSS 测量生产实践提供理论基础，并为技术指导奠定基础。

5.8.1　GNSS 测量误差的来源及分类

利用 GNSS 进行导航或测量定位是通过 GNSS 接收机接收卫星播发的星历信息来确定点的三维坐标。从卫星发射信号，信号在介质中传播，再到接收机接收信号，整个过程均受到各种误差的影响，据此可知，影响测量结果的误差来源为 GNSS 卫星、卫星信号传播过程和地面接收机设备。

可以看出，影响导航或测量定位结果精度的误差主要源于以下三个方面：

（1）与卫星有关的误差：包括卫星时钟误差、卫星星历误差即卫星轨道偏差、相对论效应误差等。

（2）与信号传播有关的误差：包括电离层折射误差、对流层折射误差、多路径效应误差。

（3）与接收机有关的误差：包括接收机时钟误差、接收机位置误差、接收机天线相位中心安置误差。

另外，在进行高精度 GNSS 测量定位时（如在进行地球动力学等方面研究时），通常还应该考虑到与地球整体运动有关的误差，如地球自转的影响和地球潮汐的影响等。

表 5-6 的数据列出了不同的 GNSS 误差分类情况及对测码伪距的影响。

表 5-6　不同的 GNSS 误差分类情况及对测码伪距的影响

误差来源	对伪距测量的影响/m	
	P 码	C/A 码
卫星部分		
星历误差与模型误差	4.2	4.2
中差与稳定型	3.0	3.0
卫星摄动	1.0	1.0
相对不确定性	0.5	0.5
其他	0.9	0.9
合计	5.4	5.4
信号传播		
电离层折射	2.3	5.0 ~ 10.0
对流层折射	2.0	2.0
路径效应	1.2	1.2
其他	0.5	0.5
合计	3.3	5.5 ~ 10.3
信号接收		
接收机噪声	0	7.5
其他	0.5	0.5
合计	1.1	7.5
总计	6.4	10.8 ~ 13.8

按误差的性质进行区分，其中卫星轨道误差、卫星时钟误差、接收机时钟误差以及大气对流层折射等误差属于系统误差；信号的多路径效应引起的误差和观测误差等则属于偶然误差。无论是从误差本身的大小或是其对测量定位结果影响程度来讲，系统误差比偶然误差都要大得多，所以说系统误差应该是 GNSS 测量定位时的主要误差源。在研究对 GNSS 测量的影响时，上述各种误差均投影到观测站至卫星的距离上，以相应的距离误差来表示，并称为等效距离误差。但是系统误差的影响是有一定规律的，通常可以采取一定的方法和措施予以消除或削弱。为了消除、减弱或修正系统误差的影响，通常采取如下措施：

（1）引入位置参数，在数据处理中与其他参数同时求解。

（2）建立系统误差改正模型，修正观测量，如通过对误差的特性、机制及其产生的原因进行研究分析、推导而建立起来的理论公式、双频电离层折射改正模型，以及通过对大量观测数据进行分析、拟合而建立起来的各种对流层折射模型。

（3）将不同测站的相同卫星的同步观测值求差。

（4）选择较好的硬件和较好的观测条件，如选用较好的天线、较有利的测站等。

在 GNSS 测量中，偶然误差的特点是没有规律性，无法通过采取有效措施或数学模型加以消除或减弱，但影响相对较小。

5.8.2　GNSS 测量误差分类及解决措施

GNSS 测量误差分类及解决措施见表 5-7。

表 5-7　GNSS 测量误差分类及解决措施

误差分类	影响程度及解决办法	改正后影响
卫星轨道误差	用户通过导航电文得到的卫星轨迹信息，其相对的位置误差为 20～50 m，经过单差后，这种误差大大缩小。如需要更高的精度，可以使用精密星历进行数据处理	采用导航电文的基线误差：< 0.5 ppm
卫星钟差	引入中差模型改正后，各卫星间的同步差可以保持在 20 ns 以内，因此引起的等效距离偏差不超过 6 m。卫星钟差改正后的残差，在相对定位中可以通过单差消除。但由于卫星发送信号的时刻不一样，最后仍有一定的误差	< 0.3 ppm
接收机钟差	对于钟跳这样的粗差，可以在数据处理中剔除；但对于随机误差，主要采用双差的方法将其影响消除	< 1 mm
大气折射	建立系统误差模型，对观测量加以改正。对于电离层模型，其有效性可能低于 75%，而对于对流层模型，其有效性可达 90% 以上	对于长边影响较显著。通常对于 10 km 的基线边，经过模型改正后，对基线的影响仍然会达到 0.5 ppm
多路径效应	比较复杂。在目前的数据处理中未予考虑	最大可达数厘米
天线相位中心	目前用于测量的天线相位中心与几何中心的偏差都比较小，经过对相位中心测试的结果表明，使用的天线相位中心较好，没必要进行特殊的处理	瞬时影响 < 4 mm
地球自转	以信号平均传播时间为 0.075 s 计算，会给卫星位置的计算带来 10 m 左右的影响。通过建立地球自转模型以及单差可以大大降低其影响	可以忽略
接收机观测数据误差	接收机对载波相位的分辨率为 2 mm 左右，增加观测量可降低其影响	可以忽略
仪器安置误差	与光学对中器有关，与对中操作无关，与仪器高的测量有关	通常对中误差在数毫米左右，仪器高的测量误差在 1 mm 左右
相对论效应	主要针对 GNSS 卫星的相对论效应，由于已根据相对论改变了 GNSS 卫星的时钟，但由于地球的运动和卫星轨道高度的变化，以及地球重力场的变化，相对论效应对 GNSS 影响的残差可达 70 ns。经过模型改正后，这种影响会大大降低。另外，信号传播的相对论效应对观测量也有影响	可以忽略

5.8.3   提高 GNSS 野外测量精度所采取的措施

卫星钟差、接收机钟差从理论上讲，可以采用互差方法消除。但由于每颗卫星、每台接收机钟差不完全相同，因此，互差能消除大部分钟差。卫星星历误差对于大部分用户来讲，直接采用卫星采集数据时提供的星历，若不实时提供成果，可采用精密星历进行数据处理，以减弱星历误差影响。电离层延迟采用双频接收机，利用双频改正，可以很好地减弱电离层影响；对流层延迟目前利用改正模型进行改正，其误差主要是模型误差。天线相位中心误差利用同类型天线可有效地减弱误差影响。此外，在进行数据解算和建立 GNSS 控制网时，采用可靠的、高精度的已知控制点作为起算数据也是解决已知点误差的有效方法。下面针对 GNSS 测量的外业工作（选点与观测）时，如何减弱或消除点位环境及观测时所带来的误差进行讲解。

5.8.3.1   明确 GNSS 点位选择要求，减弱多路径效应影响

（1）点位应避开大型金属物体、大面积水域和其他易发射电磁波的物体等。在选点时要考虑周围环境可能带来的影响，避免产生多路径影响。当无法避开时，在观测期间一定要将天线架高，使发射的电波不能到达天线面。

（2）点位 100 m 范围内无高压输电线、变电站，1 km 范围内无大功率电台、微波站等电辐射源，避免在两相对发射的微波站间选点。在大功率电台附近或两相对发射的微波站间选点，观测时所接收的数据周跳很多，甚至接收不到数据。

（3）点位应避开地壳断裂带、松软的土层，尽量选择在岩石或坚硬的土质上。一般埋石后，要经过一个雨季和一个冬季，等标石稳定后再进行观测，若在岩石上建点（观测墩），则 3 个月后就可以观测。若点位选在地壳断裂带或松软的土层上，那么无论过多久，其标石也不会稳定，其测量结果无法采用。因此，在进行 GNSS 控制网设计前需要收集与测区有关的地质、气象、地下水和冻土深度等资料，以供选点和埋石使用。

（4）当在建筑物附近观测时，建筑物不仅会遮挡该方向的卫星信号，还会将相对方向的卫星信号反射到 GNSS 天线上，造成多路径效应。

（5）当观测点在大面积水域旁边时，水面会反射低角度卫星信号，此时应将 GNSS 天线尽可能架高以减少多路径影响。

5.8.3.2   精确对中整平仪器，正确量高，避免观测误差

高精度 GNSS 测量时，点位一般为具有强制对中装置的观测墩，对中误差很小，此时要注意校正天线的基座，使其整平装置处于良好的状态。

在外业前的准备工作中，应对天线基座的气泡和对中器进行检查校正。GNSS 天线底座气泡的精度一般为 8′，可以利用全站仪上的长气泡检查 GNSS 底座的圆气泡，全站仪长气泡精度在几十秒。故第一种方法是将全站仪安置在 GNSS 底座上，利用全站仪上的长气泡进行整平，然后对底座的圆气泡进行修正。第二种方法即采用控制测量学中光学对中器检校的方法，由于 GNSS 接收机对中器一般均安置在与其配套的基座上，因此，采用垂球调校法，即将带有对中器的基座置于脚架上，精确调整底座水平，挂上对中垂球，使垂球尖尽可能地接近平放在地面的白纸。待垂球静止时，将垂球尖投影到白纸上，然后取下垂球。调好对中器目镜焦距，从目镜中观察白纸上记下的垂球尖的位置是否在对中器分划板圆圈中心。若在圆圈中心，则说明对中器的视准轴与垂直轴一致，若不在圆圈中心，则需要进行校正。调校的方法是将对中器目镜端的护罩打开，可以看见 4 个校正螺旋，使中心标志与纸上的圆圈中心重合。在量取天线高时，要说明（并画图）量取到天线的什么位置，最好是在量取天线高时进行拍照。照片上要显示标尺的刻度和天线底

部的位置，照片随观测资料上交。内业数据处理人员才可知道天线高量取的位置，这一点在 GNSS 外业测量中非常重要。

5.8.3.3　观测时注意调整天线相位中心指向，减少相位中心偏移误差

天线相位中心偏移是野外测绘人员无法解决的问题。但对于同一个项目来说，若所有天线在观测时其标示指向同一方向（一般指北），可减少天线相位中心偏移对测量精度的影响。若采用同一种接收机和天线，尤其是同批次出厂的，则效果更好，因为同批次出厂的天线相位中心偏移指向同一方向。

第 6 章

GNSS 静态控制测量

1. 掌握 GNSS 技术设计的依据，并熟悉 GNSS 控制网的精度等级、密度和布网形式的确定；
2. 掌握 GNSS 静态控制测量技术设计书和技术总结的编写；
3. 掌握 GNSS 静态控制测量的外业实施流程和作业方法；
4. 能够根据技术设计书的要求进行外业数据采集；
5. 掌握 GNSS 测量数据内业处理的方法，熟悉 GNSS 数据处理软件的使用方法。

★本章概述

　　GNSS 静态控制测量作为一种经典的测量方式，主要应用于高精度大地测量、控制测量和变形监测等领域，具体应用方法是采用 GNSS 静态测量的方式建立各种类型和精度等级的测量控制网或变形监测网。GNSS 静态控制测量与常规测量相似，在实际工作中也可划分为技术设计、外业实施及内业数据处理三个阶段。GNSS 技术设计阶段的主要内容是根据测量任务的性质和技术要求，编写技术设计书，进行踏勘、选点，制订外业实施计划；外业实施阶段主要包括外业的观测和记录以及有关的服务管理；内业数据处理阶段的主要内容为观测数据和其他资料的检查、整理和上交，对不合格的数据或资料进行重测或淘汰。

　　本章围绕采用 GNSS 静态测量方法完成控制测量项目的具体工作过程为基础，主要介绍 GNSS 测量技术设计、GNSS 测量外业准备及技术设计书编写、GNSS 测量外业实施、GNSS 测量数据内业处理以及技术总结与上交资料等各阶段工作。

6.1　GNSS 测量技术设计

6.1.1　GNSS 网技术设计的依据

　　GNSS 测量的技术设计是进行 GNSS 定位测量的基本性工作。它是依据国家及行业主管部门颁布的 GNSS 有关规范（规程）及 GNSS 网的用途、用户的要求等对测量工作的网形、精度及基准等的具体设计。技术设计是建立 GNSS 网的首要工作，它提供了建立 GNSS 控制网的技术准则，是项目实施过程中以及成果检查验收的技术依据。

GNSS 测量技术设计必须依据有关国家标准、技术规程或要求进行，最常使用的依据主要有 GNSS 测量规范（规程）、测量任务书或测量合同等。

6.1.1.1　GNSS 测量规范（规程）

GNSS 测量规范（规程）是国家测绘管理部门或行业部门制定的技术法规，目前关于 GNSS 网设计依据的规范（规程）如下：

（1）2009 年国家质量监督检验检疫总局和国家标准化管理委员会发布的《全球定位系统（GPS）测量规范》（GB/T 18314—2009）；

（2）2019 年住房和城乡建设部发布的行业标准《卫星定位城市测量技术标准》（CJJ/T 73—2019）；

（3）1995 年国家测绘局发布的行业标准《全球定位系统（GPS）测量型接收机检定规程》（CH 8016—1995）；

（4）各部委根据本部门 GNSS 测量工作的实际情况制定的其他 GNSS 测量规程或细则等。

6.1.1.2　测量任务书或测量合同

测量任务书或测量合同是测量施工单位上级主管部门或合同甲方下达的技术要求文件。这种技术文件是指令性的，它规定了测量任务的范围、目的、精度和密度要求，提交成果资料的项目和时间，完成任务的经济指标等。

在 GNSS 方案设计时，一般首先依据测量任务书提出的 GNSS 网的精度、密度和经济指标，再结合 GNSS 测量规范（规程）规定并现场踏勘具体确定各点间的连接方法、各点设站观测的次数、时段长短等布网施测方案。

6.1.2　GNSS 网的布网原则

GNSS 控制网的布设与传统测量控制网的布设相同，也应当遵循由高级到低级的原则。在建立 GNSS 国家、城市和工程控制网时，应遵循以下原则。

6.1.2.1　选择合适的测量等级

《全球定位系统（GPS）测量规范》（GB/T 18314—2009）将 GNSS 静态控制测量划分为 5 个等级，分别为 A 级、B 级、C 级、D 级、E 级，表6-1 中列出了各等级 GNSS 测量的主要用途。需要说明的是，GNSS 测量的等级并不完全是由其主要用途确定的，而是以其实际的质量要求来确定的。表6-1 中所列各等级 GNSS 测量的主要用途仅供参考，具体的等级应以测量任务书或测量合同的要求为准。

表 6-1　各等级 GNSS 测量的主要用途（GB/T 18314—2009）

级别	主要用途
A	国家一等大地控制网，全球性的地球动力学研究、地壳形变测量和精密定轨
B	国家二等大地控制网，地方或城市坐标基准框架，区域性的地球动力学研究，地壳形变测量，局部变形监测，各种精密工程测量等
C	三等大地控制网，区域、城市及工程测量的基本控制网等
D	四等大地控制网
E	中小城市、城镇及测图、地籍、土地信息、房产、物探、勘测、建筑施工等控制测量

此外，在《卫星定位城市测量技术标准》（CJJ/T 73—2019）中，城市控制网、城市地籍控制网和工程控制网划分为 CORS 网、二、三、四等和一、二级。

6.1.2.2　满足精度的要求

GNSS 网点应有一定的精度，布设 GNSS 网时，测量成果的精度，既要能满足当前任务的需要，还应考虑到今后其他任务和其他部门的使用，精度要适当地留有余地。

根据《全球定位系统（GPS）测量规范》（GB/T 18314—2009）的规定，GNSS 网点划分等级采用 5 个等级，分别为 A 级、B 级、C 级、D 级、E 级，遵循由高级到低级的原则。A 级 GNSS 网由卫星定位连续运行基准站构成，其精度应不低于表 6-2 的要求；B、C、D、E 级 GNSS 网的精度应不低于表 6-3 的要求。另外，用于建立国家二、三、四等大地控制网的 GNSS 测量，在满足表 6-3 所规定的 B、C 和 D 级精度要求的基础上，其相邻点距离的相对精度应分别不低于 1×10^{-7}、1×10^{-6} 和 1×10^{-5}。

表 6-2　A 级 GNSS 网的精度指标（GB/T 18314—2009）

级别	坐标年变化率中误差		相对精度	地心坐标各分量年平均中误差/mm
	水平分量/（mm·a^{-1}）	垂直分量/（mm·a^{-1}）		
A	2	3	1×10^{-8}	0.5

表 6-3　B、C、D、E 级 GNSS 网的精度指标（GB/T 18314—2009）

级别	相邻点基线分量中误差		相邻点平均间距/km
	水平分量/mm	垂直分量/mm	
B	5	10	50
C	10	20	20
D	20	40	5
E	20	40	3

另外，根据住房和城乡建设部发布的行业标准《卫星定位城市测量技术标准》（CJJ/T 73—2019），各等级城市 GNSS 测量的相邻点间基线长度的精度用式（6-1）表示，其具体要求见表 6-4。

$$\sigma = \sqrt{a^2 + (bd)^2} \tag{6-1}$$

式中　σ——GNSS 基线向量的弦长中误差（mm），即等效距离误差；

a——GNSS 接收机标称精度中的固定误差（mm），其误差的大小与基线长度无关；

b——GNSS 接收机标称精度中的比例误差系数（mm/km）；

d——GNSS 网中相邻点间的距离（km）。

在实际工作中，精度标准的确定要根据用户的实际需要及人力、物力、财力情况合理设计，也可参照本部门已有的生产规程和作业经验适当掌握。在具体布设中，可以分级布设，也可以越级布设，或布设同级全面网。

表 6-4　GNSS 网的精度指标（CJJ/T 73—2019）

等级	平均边长/km	固定误差 a/mm	比例误差系数 b/（mm·km^{-1}）	最弱边相对中误差
CORS	40	≤5	≤1	1/800 000
二等	9	≤5	≤2	1/120 000
三等	5	≤5	≤2	1/80 000
四等	2	≤10	≤5	1/45 000

续表

等级	平均边长/km	固定误差 a/mm	比例误差系数 b/（mm·km^{-1}）	最弱边相对中误差
一级	1	≤10	≤5	1/20 000
二级	<1	≤10	≤5	1/10 000

6.1.2.3　满足点位密度的要求

各种不同的任务要求和服务对象，对 GNSS 点的分布要求也不同。对于国家 A 级基准点及大陆地球动力学研究监测所布设的 GNSS 点，主要用于提供国家级基准、精密定轨、星历计划及高精度形变信息，所以布设时平均距离可达数百千米。而一般城市和工程测量布设点的密度主要满足测图加密和工程测量的需要，平均边长往往在几千米以内。因此，根据《全球定位系统（GPS）测量规范》（GB/T 18314—2009），对 GNSS 网中两相邻点间距离视其需要做出如表 6-5 的规定，对各等级 GNSS 网相邻点的平均距离也做了相关规定。

表 6-5　GNSS 网中相邻点间距离（GB/T 18314—2009）

项目 级别	A	B	C	D	E
相邻点最小距	100	15	5	2	1
相邻点最大距	1 000	250	40	15	10
相邻点平均距	300	70	15～10	10～5	5～2

注：1. 各级 GNSS 相邻点间平均距离应符合表 6-3 中所列数据的要求；
　　2. 相邻点间最小距离可为平均距离的 1/3～1/2；
　　3. 最大距离可为平均距离的 2～3 倍；
　　4. 特殊情况下，个别点的间距也可结合任务和服务对象，对 GNSS 点分布要求做出具体的规定。

6.1.3　GNSS 网的基准设计

GNSS 测量获得的是 GNSS 基线向量，它属于 WGS-84 坐标系的三维坐标差，而实际在我国，工程测量控制网需要的是国家坐标系（国家 2000 大地坐标系）或地方独立坐标系的坐标。所以在 GNSS 网的技术设计时，必须明确 GNSS 成果所采用的坐标系统和起算数据，即明确 GNSS 网所采用的基准。我们将这项工作称为 GNSS 网的基准设计。

GNSS 网的基准包括位置基准、方位基准和尺度基准。方位基准一般以给定的起算方位角值确定，也可以由 GNSS 基线向量的方位作为方位基准。尺度基准一般由地面的电磁波测距边确定，也可由两个以上的起算点间的距离确定，同时可由 GNSS 基线向量的距离确定。GNSS 网的位置基准，一般由给定的起算点坐标确定。因此，GNSS 网的基准设计，实质上主要是指确定网的位置基准问题。

6.1.3.1　位置基准设计

GNSS 网的位置基准设计取决于网中"起算点"的坐标和平差方法。确定位置基准一般可采用下列方法：

（1）选取网中一个点的坐标，并加以固定或给以适当的权。

（2）网中各点坐标均不固定，通过自由网伪逆平差或拟稳平差确定网的位置基准。

（3）在网中选取若干个点的坐标，并加以固定或给以适当的权。

采用前两种方法进行 GNSS 网平差时，由于在网中引入位置基准，而没有给出多余的约束条件，因而对网的定向和尺度都没有影响，我们称此类网为独立网。采用第三种方法进行平差时，由于给出的起算数据多于必要的观测数据，因而在确定网的位置基准的同时会对网的方向和尺度产生影响，我们称此类网为复合网。

6.1.3.2　尺度基准设计

尺度基准设计是由 GNSS 网的基线来提供的，这些基线可以是地面测距边或已知点间的固定边，也可以使用 GNSS 网中的基线向量。对于新建控制网，可直接由 GNSS 基线向量提供尺度基准，即建成独立网或固定一点一方位进行平差的方法，这样可以充分利用 GNSS 技术的高精度特性。对于旧控制网进行加密或改造，可将旧控制网中的若干个控制点作为已知点对网进行附合网平差，这些已知点间的边长将成为尺度基准。对于一些涉及特殊投影面（投影面非参考椭球面）的网，若在指定投影面上没有足够数量的控制点，则可引入地面高精度测距边作为尺度基准。

6.1.3.3　方位基准设计

方位基准设计一般是由网中的起始方位角来提供的，也可由 GNSS 网中的各基线向量共同来提供。利用旧控制网中的若干控制点作为 GNSS 网中的已知点进行约束平差时，方位基准将由这些已知点的方位角提供。

6.1.3.4　GNSS 控制网的基准设计应注意的问题

（1）为求定 GNSS 点在地面坐标系的坐标，应在地面坐标系中选定起算数据和联测原有地方控制点若干个，用于坐标转换。在选择联测点时既要考虑充分利用旧资料，又要使新建的高精度 GNSS 网不受旧资料精度较低的影响。因此，大中城市 GNSS 控制网应与附近的国家控制点联测 3 个以上。小城市或工程控制可以联测 2~3 个点。

（2）为保证 GNSS 网进行约束平差后坐标精度的均匀性以及减少尺度比误差影响，对 GNSS 网内重合的高等级国家点或原城市等级控制网点，除未知点连接图形观测外，对它们也要适当构成长边图形。

（3）GNSS 网经平差计算后，可以得到 GNSS 点在地面参照坐标系中的大地高，为求得 GNSS 点的正常高，可根据具体情况联测高程点，联测的高程点需均匀分布于网中，对丘陵或山区联测高程点应按高程拟合曲面的要求进行布设。具体联测宜采用不低于四等水准或与其精度相等的方法进行，平原地区联测点不宜少于 5 个，丘陵、山地联测点不宜少于 10 个。GNSS 点高程在经过精度分析后可供制图或其他方面使用。

（4）新建 GNSS 网的坐标系应尽量与测区过去采用的坐标系统一致，如果采用的是地方独立或工程坐标系，一般还应该了解以下参数：①所采用的参考椭球；②坐标系的中央子午线经度；③纵、横坐标加常数；④坐标系的投影面高程及测区平均高程异常值；⑤起算点的坐标值。

（5）在布设 GNSS 网时，可以采用 3~5 条高精度电磁波测距边作为起算边长，电磁波测距边两端高差不宜过大，可布设在网中的任何位置。

（6）在布设 GNSS 网时，可引入起算方位，但起算方位不宜太多。起算方位可布设在网中的任何位置。

6.1.4　GNSS 网的图形设计

6.1.4.1　GNSS 网构成的几个基本概念及网的特征条件的计算

在进行 GNSS 网图形设计前，必须明确有关 GNSS 网构成的几个基本概念，掌握网的特征条件的计算。

1. GNSS 网图形构成的几个基本概念

（1）观测时段：从测站上开始接收卫星信号到观测停止，连续工作的时间段，简称时段。

（2）同步观测：2 台或 2 台以上接收机同时对同一组卫星进行的观测。

（3）同步观测环：3 台或 3 台以上接收机同步观测获得的基线向量所构成的闭合环，简称同步环。

（4）独立观测环：由独立观测所获得的基线向量构成的闭合环，简称独立环。

（5）异步观测环：在构成多边形环路的所有基线向量中，只要有非同步观测基线向量，则该多边形环路叫作异步观测环，简称异步环。

（6）独立基线：对于 N 台 GNSS 接收机构成的同步观测环，有 $N \cdot (N-1)/2$ 条同步观测基线，其中独立基线数为 $N-1$。

（7）非独立基线：除独立基线外的其他基线叫作非独立基线，总基线数与独立基线数之差即非独立基线数。

2. GNSS 网的特征条件的计算

假设某个工程项目的 GNSS 网共布设了 n 个 GNSS 控制点，用 N 台接收机进行同步观测，平均每个点观测的次数用 m 表示，总观测时段数用 C 表示，总基线数用 $J_总$ 表示，必要基线数用 $J_必$ 表示，独立基线数用 $J_独$ 表示，多余基线数用 $J_多$ 表示，则 GNSS 网存在以下特征条件计算公式：

观测时段数：
$$C = mn/N \tag{6-2}$$

总基线数：
$$J_总 = CN(N-1)/2 \tag{6-3}$$

必要基线数：
$$J_必 = N-1 \tag{6-4}$$

独立基线数：
$$J_独 = C(N-1)(n-1) \tag{6-5}$$

多余基线数：
$$J_多 = C(N-1)(n-1) \tag{6-6}$$

$$r_a = \frac{J_多}{J_独} \tag{6-7}$$

网的平均内可靠性指标：
$$\delta_{0a} = \frac{\delta_0}{\sqrt{r_a}} \tag{6-8}$$

网的平均外可靠性指标：
$$\nabla_a = \delta_0 \cdot \sqrt{\frac{1-r_a}{r_a}} \tag{6-9}$$

$$J = N \cdot (N-1)/2 \tag{6-10}$$

$$T = J - (N-1) = (N-1) \cdot (N-2)/2 \tag{6-11}$$

$$\left. \begin{array}{l} W_x \leqslant \sqrt{3}\sigma/5 \\ W_y \leqslant \sqrt{3}\sigma/5 \\ W_z \leqslant \sqrt{3}\sigma/5 \end{array} \right\}$$

为了使计算的可靠性指标可信，一般取 $\alpha = 0.001$，$1-\beta = 0.80$，则此时 $\delta_0 = 4.13$。当多余

观测值不是很多时，取 $\alpha = 0.05$，$1 - \beta = 0.80$，则此时 $\delta_0 = 2.81$。

依据以上公式，就可以确定出一个具体 GNSS 网图形结构的主要特征。

6.1.4.2　GNSS 网同步图形构成及独立边的选择

由 N 台 GNSS 接收机构成的同步图形中，一个时段包含的 GNSS 基线（或简称 GNSS 边）数为

$$J = N \cdot (N - 1)/2 \tag{6-12}$$

但其中仅有 $N - 1$ 条是独立的 GNSS 边，其余为非独立 GNSS 边。图 6-1 给出了当接收机数 $N = 2 \sim 5$ 时所构成的同步图形。

对应于图 6-1 的独立 GNSS 边可以有不同的选择，如图 6-2 所示。

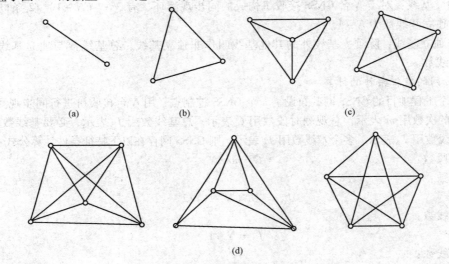

图 6-1　N 台接收机同步观测所构成的同步图形

（a）$N = 2$；（b）$N = 3$；（c）$N = 4$；（d）$N = 5$

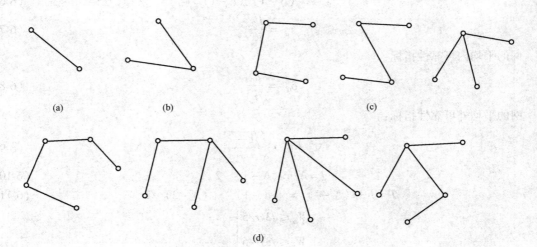

图 6-2　GNSS 独立边的不同选择

（a）$N = 2$；（b）$N = 3$；（c）$N = 4$；（d）$N = 5$

当同步观测的 GNSS 接收机数 $N \geqslant 3$ 时，同步三角形闭合环的最少个数应为

$$T = J - (N - 1) = (N - 1) \cdot (N - 2) / 2 \qquad (6\text{-}13)$$

接收机数 N 与 GNSS 边数 J 和同步闭合环数 T（最少个数）的对应关系见表 6-6。

表 6-6　N 与 J、T 关系表

N	2	3	4	5	6
J	1	3	6	10	15
T	0	1	3	6	10

理论上，同步闭合环中各 GNSS 边的坐标差之和（闭合差）应为零，但有时各台 GNSS 接收机并不严格同步，同步闭合环的闭合差并不等于零。有的 GNSS 规范规定了同步环闭合差的限差。对于同步较好的情况，应遵循此限差的要求；但当由于某种原因，同步不是很好的情况时，应适当放宽此限差。值得注意的是，当同步闭合环的闭合差较小时，通常只能说明 GNSS 基线向量的计算合格，并不能说明 GNSS 边的观测精度高，也不能发现接收机的信号受到干扰而产生的某些粗差。

为了确保 GNSS 观测效果的可靠性，有效地发现观测成果中的粗差，必须使 GNSS 网中的独立边构成一定的几何形状。这种几何形状，可以是由数条 GNSS 独立边构成的非同步多边形（非同步闭合环），如三角形、四边形、五边形等。当 GNSS 网中有若干个起算点时，也可以是由两个起算点之间的数条 GNSS 独立边构成的符合路线。GNSS 网的图形设计，也就是根据对所布设的 GNSS 网的精度要求和其他方面的要求，设计出由独立 GNSS 边构成的多边形网（或称环形网）。

异步环的构成一般应按设计的网图选定，必要时在技术负责人审定后，也可根据具体情况适当调整。当接收机多于 3 台时，也可按软件功能自动挑选独立基线构成环路。

6.1.4.3　GNSS 网的图形设计

在常规测量中，对控制网的图形设计是一项非常重要的工作。而在 GNSS 网的图形设计时，因 GNSS 同步观测不要求通视，所以其图形设计具有较大的灵活性。GNSS 网的图形设计主要取决于用户的要求、经费、时间、人力以及所投入接收机的类型、数量和后勤保障条件等。

1. GNSS 网的基本图形

目前的 GNSS 控制测量都是采用相对定位的测量方法，这就需要采用 2 台或 2 台以上的 GNSS 接收机在相同时段内同时连续跟踪相同的卫星组，即实施同步观测。各种 GNSS 网的图形虽然复杂，但将其分解，都可以得到如下三种基本图形。

（1）星形。星形网的观测基线不构成闭合图形，所以其检验与发现粗差的能力差。星形网如图 6-3 所示。星形网的主要优点是观测中只需要 2 台 GNSS 接收机，作业简单。在快速静态定位、准动态定位和实时定位等快速作业模式中，大多采用这种图形。其被广泛应用于施工放样、边界测量、地籍测量和碎部测量等。

（2）环形。由含有多条独立观测基线的闭合环所组成的网，称为环形网，如图 6-4 所示。这种图形与经典测量中的导线网相似，其图形的结构强度比星形网好。这种网的自检能力和可靠性随闭合环中所含的基线数量的增加而减弱，但只要对闭合环中的边数加以限制，仍能保证一定的几何强度。GNSS 测量规范中一般都会对多边形的边数做出相关限制，表 6-7 和表 6-8 分别为《全球定位系统（GPS）测量规范》（GB/T 18314—2009）和《卫星定位城市测量技术标准》（CJJ/T 73—2019）对最简独立闭合环和符合导线边数的规定。环形网的优点是观测工作量较小，且具有较好的自检性和可靠性。其主要缺点是相邻基线的点位精度分布不均。

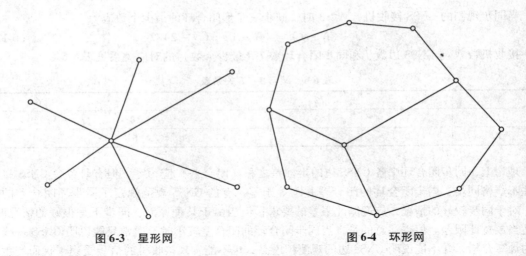

图 6-3　星形网　　　　　　　　　　　　　图 6-4　环形网

表 6-7　GB/T 18314—2009 对最简独立闭合环和符合导线边数的规定

等级	B	C	D	E
闭合环或符合导线的边数	≤6	≤6	≤8	≤10

表 6-8　CJJ/T 73—2019 对最简独立闭合环和符合导线边数的规定

等级	二等	三等	四等	一级	二级
闭合环或符合导线的边数	≤6	≤8	≤10	≤10	≤10

（3）三角形。GNSS 网中的三角形边由独立观测边组成。三角形网如图 6-5 所示。其优点是图形结构的强度好，具有良好的自检能力，能够有效地发现观测成果的粗差，同时网中相邻基线的点位精度分布均匀；其缺点是工作量大。

2. GNSS 网的连接方式

GNSS 控制网是采用相对定位的方法求得两点间的基线向量，再由基线向量将已知点坐标传递给未知点。所以，GNSS 网中的各同步观测图形必须相互连接才能传递坐标。

由若干个不同时间观测的同步观测图形相互连接，便构成 GNSS 网的整网图形。根据不同的用途，GNSS 网的图形布设通常有点连式、边连式、网连式及边点混合连接式四种基本方式。也有的布设成星形连接、符合导线连接、三角锁形连接等。选择什么样的方式，取决于工程所要求的精度、野外条件及 GNSS 接收机台数等因素。

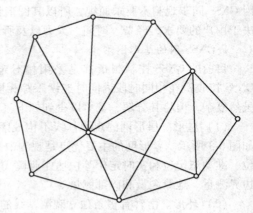

图 6-5　三角形网

（1）点连式。点连式是指相邻同步图形之间仅有一个公共点的连接。以这种方式布点所构成的图形作业效率高、图形扩展迅速，但图形几何强度很弱，没有或极少有非同步图形闭合条件，所构成的网形抗粗差能力不强，一般在作业中不单独采用。

图 6-6 中有 13 个定位点，没有多余观测（无异步检核条件），最少观测时段 6 个（同步环），最少必要观测基线为 N（点数）$-1 = 12$（条），6 个同步图形中总共有 12 条独立基线。显然这

种点连式网的几何强度很差，需要提高网的可靠性指标。

（2）边连式。边连式是指同步图形之间由一条公共基线连接。这种布网方式，网的几何强度较高，有较多的复测边和非同步图形闭合条件。其优点是边连式布网有较多的重复基线和独立环，有较好的几何强度。与点连式比较，在相同的仪器台数条件下，观测时段数将比点连式大大增加。

图 6-7 中有 13 个定位点、12 个观测时段、9 条重复边、3 个异步环。最少观测同步图形为 12 个、总基线为 36 条、独立基线数为 24 条、多余基线数为 12 条。比较图 6-6 与图 6-7，显然边连式布网有较多的非同步图形闭合条件，几何强度和可靠性均优于点连式。

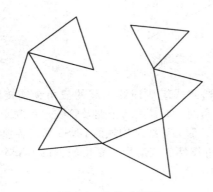 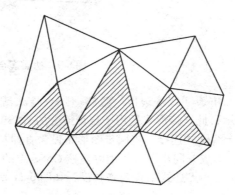

图 6-6　点连式图形　　　　　　　　图 6-7　边连式图形

（3）网连式。网连式是指相邻同步图形之间由 2 个以上的公共点相连接，这种方法需要 4 台以上的接收机。采用这种布网方式所测设的 GNSS 网具有较强的图形强度和较高的可靠性。但这种作业方法需要 4 台以上的接收机，作业效率低，花费的经费和时间较多，一般仅适用于要求精度较高的控制网测量（图 6-8）。

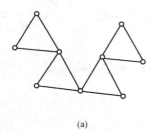　　　　　　　　　　　　　　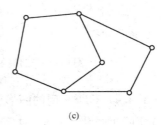

（a）　　　　　　　　　　　（b）　　　　　　　　　　　（c）

图 6-8　同步图形连接方式
（a）3 台点连式；（b）3 台边连式；（c）5 台网连式

（4）边点混合连接式。边点混合连接式是指把点连式与边连式有机地结合起来，组成 GNSS 网，既能保证网的几何强度，提高网的可靠指标，又能减少外业工作量，降低成本，是一种较为理想的布网方法。

图 6-9 所示是在点连式基础上加测 4 个时段，把边连式与点连式结合起来，就可得到几何强度改善的布网设计方案。图 6-9 所示 3 台接收机的观测方案共有 10 个同步三角形，2 个异步环，6 条复测基线边，总基线数为 30 条，独立基线数为 20 条，多余基线数为 8 条，必要基线数为 12 条。显然该图线呈封闭状，可靠性指标大为提高，外业工作量也比边连式有一定的减少。

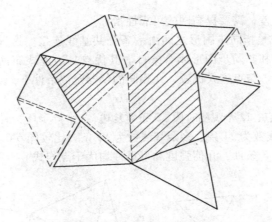

图 6-9　边点混合连接式图形

（5）三角锁（或多边形）连接。用点连式或边连式组成连续发展的三角锁连接图形，如图 6-10 所示，此连接形式适用于狭长地区的 GNSS 布网，如铁路、公路及管线工程勘测。

（6）导线网式连接。将同步图形布设为直伸状，形如导线结构式的 GNSS 网，各独立边应组成封闭状，形成非同步图形，用以检核 GNSS 点的可靠性。其适用于精度较低的 GNSS 布网。该布网方法也可与点连式结合起来布设，如图 6-11 所示。

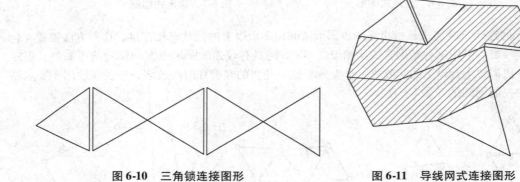

图 6-10　三角锁连接图形　　　　　　　　　　**图 6-11　导线网式连接图形**

6.1.4.4　GNSS 网的图形设计原则

在实际布网设计时还要注意以下几个原则：

（1）GNSS 网中不应存在自由基线。所谓自由基线是指不构成闭合图形的基线。由于自由基线不具备发现粗差的能力，因而必须避免出现，也就是 GNSS 网一般应通过独立基线构成闭合图形。

（2）GNSS 网的闭合条件中基线数不可过多。网中各点最好有 3 条或更多基线分支，以保证检核条件，提高网的可靠性，使网的精度、可靠性较均匀。

（3）GNSS 网应以"每个点至少独立设站观测两次"的原则布网。这样由不同数量接收机测量构成的网的精度和可靠性指标比较接近。

（4）为了实现 GNSS 网与地面网之间的坐标转换，GNSS 网至少应与地面网有 2 个重合点。研究和实践表明，应有 3～5 个精度较高、分布均匀的地面点作为 GNSS 网的一部分，以便 GNSS 成果较好地转换至地面网中。同时，应与相当数量的地面水准点重合，以提供大地水准面的研究资料，实现 GNSS 大地高向正常高的转换。

（5）GNSS 点应选择在交通便利、视野开阔、容易到达的地方。GNSS 网的点与点间尽管不要求通视，但考虑到利用常规测量加密时的需要，每点应有一个以上通视方向。

（6）为了顾及原有城市测绘成果资料以及各种大比例尺地形图的沿用，应采用原有城市坐标系统。凡符合 GNSS 网点要求的旧点，应充分利用其标石。

6.2　GNSS 测量外业准备及技术设计书编写

6.2.1　GNSS 观测纲要设计

为了能够设计出比较实用的，既能满足一定精度和可靠性要求又有较高经济指标的布网作业计划，在进行 GNSS 外业工作之前，必须做好测量任务书的熟悉、实施前的测区踏勘、资料收集、器材筹备、人员组织、观测计划拟订、GNSS 接收机检校及设计书编写等工作。

6.2.1.1　熟悉测量任务书

测量任务书或测量合同是测量施工单位上级主管部门或合同甲方下达的技术要求文件。这种技术文件是指令性的，它规定了测量任务的范围、目的、精度和密度要求，提交成果资料的项目和时间，完成任务的指标等。

6.2.1.2　测区踏勘及资料收集

1. 测区踏勘

接受下达任务或签订 GNSS 测量合同后，就可依据施工设计图踏勘、调查测区。测区踏勘主要调查了解下列情况，为编写技术设计、施工设计、成本预算提供依据。

（1）测区的地理位置、范围、控制网的面积。

（2）GNSS 控制网的用途和精度等级。

（3）点位分布及点的数量：根据控制网的用途与等级，大致确定控制网的点位分布、点的数量和密度。

（4）交通情况：公路、铁路、乡村便道的分布及通行情况。

（5）水系分布情况：江河、湖泊、池塘、水渠的分布，桥梁、码头及水路交通情况。

（6）植被情况：森林、草原、农作物的分布及面积。

（7）原有控制点分布情况：三角点、水准点、GNSS 点、导线点的等级、坐标系统、高程系统，点位的数量及分布，点位标志的保存状况等。

（8）居民点分布情况：测区内城镇、乡村居民点的分布、食宿及供电情况。

（9）当地风俗民情：民族的分布、习俗及地方方言、习惯及社会治安情况。

2. 资料收集

资料收集是进行控制网技术设计的一项重要工作。技术设计之前应收集测区或工程各项有关的资料。结合 GNSS 控制网测量工作的特点，根据踏勘测区掌握的情况，需要收集下列主要资料：

（1）各类图件：1∶1 万 ~ 1∶10 万比例尺地形图、大地水准面起伏图、交通图。

（2）原有控制测量资料：主要包括点的平面坐标、高程、坐标系统、技术总结等有关资料及国家或其他测绘部门所布设的三角点、水准点、GNSS 点、导线点及各控制点坐标系统等控制点测量成果，以及技术总结等有关资料。

（3）测区有关的地质、气象、交通、通信等方面的资料。

（4）城市及乡村行政区划表。

（5）有关的规范、规程等。

6.2.1.3 器材筹备及人员组织

根据技术设计的要求，设备、器材筹备及人员组织包括以下内容：

（1）筹备观测仪器、计算机及配套设备。

（2）筹备机动设备及通信设备。

（3）筹备施工器材，计划油料和其他的消耗材料。

（4）组建施工队伍，拟订施工人员名单及岗位。

（5）进行测量工作成本详细的投资预算。

6.2.1.4 外业观测计划的拟订

外业观测是 GNSS 测量的主要工作。为了保证外业观测工作能够按照计划、按质按量完成，必须制定严密的观测计划。

1. 拟订观测计划的主要依据

（1）根据 GNSS 网的精度要求确定所需的观测时间、观测时段数；

（2）GNSS 网规模的大小、点位精度及密度要求；

（3）观测期间 GNSS 卫星星历分布状况、卫星的几何图形强度；

（4）参加作业的 GNSS 接收机类型及数量；

（5）测区的交通、通信及后勤保障。

2. 观测计划的主要内容

（1）编制 GNSS 卫星的可见性预报图；

（2）选择 GNSS 卫星的几何图形强度；

（3）选择最佳观测时段；

（4）观测区域的设计与划分；

（5）编排作业调度表，作业调度表见表6-9；

（6）采用规定格式 GNSS 测量外业观测通知单（见表6-10）进行调度。

表 6-9　GNSS 作业调度表

时段编号	观测时间	测站号/名 机号	测站号/名 机号	测站号/名 机号	测站号/名 机号	测站号/名 机号	测站号/名 机号
1							
2							
3							
4							

表 6-10　**GNSS 外业观测通知单**

观测日期：　　　　年　　月　　日

组别：　　　　　　　　　　　　操作员：

点位所在图幅：

测点编号/名：

观测时段：1：　　　　　　　　　2：

　　　　　3：　　　　　　　　　4：

　　　　　5：　　　　　　　　　6：

安排人：　　　　　　　　　　　　　　　　　　　　　年　　月　　日

3. GNSS 卫星可见预报示例

（1）各类 GNSS 接收机的随机软件都有 GNSS 卫星的可见性预报功能，只要输入测区的概略经纬度和观测时间，即可进行可见卫星的预报。在高度角 > 15°的限制下，输入测区中心某一测站的概略坐标，输入日期和时间，使用不超过 20 天的星历文件，即可编制 GNSS 卫星的可见性预报图（图 6-12）。

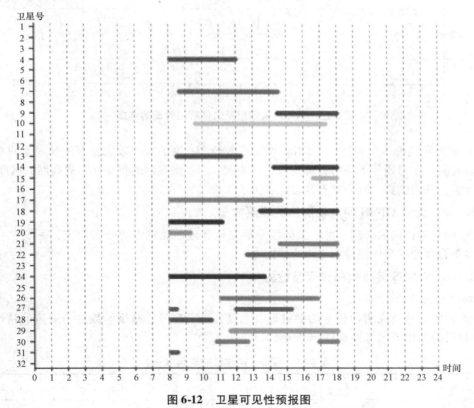

图 6-12　卫星可见性预报图

（2）卫星的几何图形强度：在 GNSS 定位中，所测卫星与观测站所组成的几何图形，其强度因子可用空间位置因子（PDOP）来代表。无论是绝对定位还是相对定位，PDOP 值不应大于 6（图 6-13）。

（3）选择最佳的观测时段：卫星 > 4 颗且分布均匀，PDOP 值小于 6 的时段就是最佳时段。

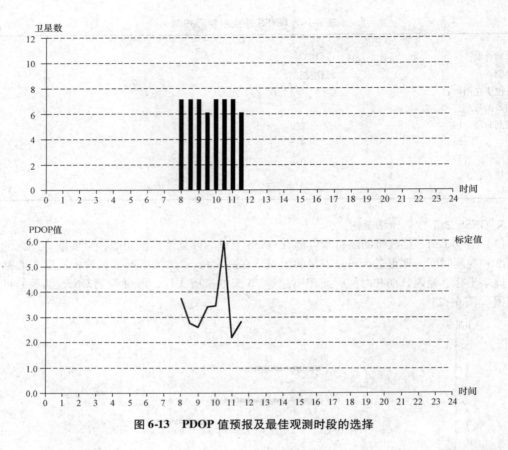

图 6-13　PDOP 值预报及最佳观测时段的选择

（4）观测区域设计与划分：当 GNSS 网的点数较多，网的规模较大，而参加观测的 GNSS 接收机数量有限，交通通信不便时，可实行分区观测。为了增强网的整体性，提高网的精度，相邻分区应设置公共观测点，且公共点数量不得少于 3 个。

6.2.1.5　设计 GNSS 网与地面网的联测方案

GNSS 网与地面网的联测，可根据测区地形变化和地面控制点的分布而定，一般在 GNSS 网中至少要重合观测三个地面控制点作为约束点。

6.2.1.6　GNSS 接收机的选用及检验

1. 接收机的选用

GNSS 接收机是完成测量任务的关键设备，其性能、型号、精度、数量与测量的精度有关。GNSS 接收机的选用可参考表 6-11 和表 6-12。

表 6-11　GNSS 接收机的选用（一）

级别	A	B	C	D、E
单频/双频	双频/全波长	双频/全波长	双频/全波长	单频或双频
观测量至少有	L_1、L_2 载波相位	L_1、L_2 载波相位	L_1、L_2 载波相位	L_1 载波相位
同步观测接收机数/台	≥5	≥4	≥3	≥2

表 6-12　GNSS 接收机的选用（二）

项目 \ 等级	二等	三等	四等	一级	二级
接收机类型	双频	双频	双频或单频	双频或单频	双频或单频
标称精度	≤（5 mm + 2×10^{-6} d）	≤（5 mm + 2×10^{-6} d）	≤（10 mm + 2×10^{-6} d）	≤（10 mm + 2×10^{-6} d）	≤（10 mm + 2×10^{-6} d）
观测量	载波相位	载波相位	载波相位	载波相位	载波相位
同步观测接收机台数/台	≥4	≥4	≥3	≥3	≥3

2. 接收机的检验

接收机的检验包括一般检验、通电检验和实测检验。

（1）一般检验：主要检查接收机设备各部件及其附件是否齐全、完好，紧固部分是否松动与脱落，使用手册及资料是否齐全等。

（2）通电检验：接收机通电后有关信号灯、按键、显示系统和仪表的工作情况，以及自测试系统的工作情况。当自测正常后，按操作步骤检验仪器的工作情况。

（3）实测检验：实测检验是 GNSS 接收机检验的主要内容。其检验方法：用标准基线检验；已知坐标、边长检验；零基线检验；相位中心偏移量检验等。

①用零基线检验接收机内部噪声水平。零基线测试方法如下：

选择周围高度角 10° 以上无障碍物的地方安放天线。

连接电源，两台 GNSS 接收机同步接收四颗以上卫星 1 ~ 1.5 h。

交换功分器与接收机接口，再观察一个时段。

用随机软件计算基线坐标增量和基线长度。基线误差应小于 1 mm，否则应送厂检修或降低级别使用。

②天线相位中心稳定性检验。

该项检验可在标准基线、比较基线或 GNSS 检测场上进行。

检测时可以将 GNSS 接收机带天线两两配对，置于基线的两端点。

按上述方法在与该基线垂直的基线中（不具备此条件，可将一个接收机天线固定指北，其他接收机天线绕轴顺时针转动 90°、180°、270°）进行同样观察。

观测结束，用随机软件解算各时段三维坐标。

③GNSS 接收机不同测程精度指标的测试。该项测试应在标准检定场进行。检定场应含有短边和中长边。基线精度应达到 1×10^{-5}。

检验时天线应严格整平对中，对中误差小于 ±1 mm。天线指向正北，天线高量至 1 mm。测试结果与基线长度比较，应优于仪器标称精度。

④仪器的高、低温测试。有特殊要求时，需对 GNSS 接收机进行高、低温测试。

⑤对于双频 GNSS 接收机应通过野外测试，检查在美国执行 SA 技术时其定位精度。

⑥用于天线基座的光学对点器在作业中应经常检验，确保对中的准确性，其检校参照控制测量中光学对点器核校方法。

6.2.1.7　接收机调度计划拟订

作业组在观测前应根据测区的地形、交通状况、控制网的大小、精度的高低、仪器的数量、GNSS 网的设计、卫星预报表和测区的天气、地理环境等拟订接收机调度计划和编制作业的调度表，以提高工作效率。调度计划的拟订应遵循以下原则：

（1）保证同步观测。

（2）保证足够的重复基线。

（3）设计最优接收调度路径。

（4）保证最佳观测窗口。

6.2.2　GNSS 网的优化设计

GNSS 控制网的优化设计是在限定精度、可靠性和费用等质量标准下，寻求网设计的最佳极值。经典控制网优化设计包括零类设计（基准问题）、一类设计（图形问题）、二类设计（观测权问题）和三类设计（加密问题）。与经典控制网相似，GNSS 网的设计也存在优化的问题。但是，由于 GNSS 测量无论是在测量方式上还是在构网方式上均完全不同于经典控制测量，因而其优化设计的内容也不同于经典优化设计。

GNSS 控制网的优化设计是 GNSS 测量的首要考虑问题，它是结合网形的各方面指标来考虑的。其包含精度、实践性和经济性方面等，最后寻求 GNSS 控制网设计的最理想化方案。并且，作为定位基准求已知点的坐标，这个点的精度高低很重要。

由于 GNSS 网的实际效果与网的几何图形结构没什么大的区别，而其主要因素由网中各个点发出的基线数目及基线的权阵决定，所以我们需讨论增加的基线数目、时段数、点数对 GNSS 网的精度、可靠性、经济效益等各方面的影响。GNSS 网的优化设计主要归结为两类内容的设计：GNSS 网基准的优化设计和 GNSS 网图形结构强度的优化设计，包括网的精度设计、网的抗粗差能力的可靠性设计和网发现系统差能力的强度设计。

6.2.2.1　GNSS 网基准的优化设计

GNSS 网的优化设计是依据测量任务书和结合国家有关测量规范，对 GNSS 控制网的坐标基准、网形、外业观测调度等方面进行具体的设计，并根据前期设计的已知图形情况，对其精度、可靠性再次估算。最后得到既满足精度、可靠性要求，又使整个建网经济费用最少的方案。

GNSS 网的基准优化设计，主要是对坐标未知参数 X、Y、Z 进行的设计。基准选取的不同将会对网的精度产生直接影响，误差的不断传递将会对后续的观测和测量精度有决定性的作用。

1. GNSS 网位置基准的优化设计

无数次的实践表明，选用不同点的点位坐标值作为基准点时，引起的基线向量差可达数厘米。因此，必须对网形的位置基准进行高精度的优化设计。

（1）若 GNSS 网中点具有较准确的国家坐标系或地方坐标系坐标，可以通过它们所属坐标系与 WGS-84 坐标系的转换参数求得该点的 WGS-84 系坐标，把它作为 GNSS 网的固定位置基准。

（2）若 GNSS 网中某点是 Doppler 点或 SLR 站，由于其定位精度较 GNSS 伪距单点定位高得多，可将其联至 GNSS 网中作为一点或多点基准。

（3）若 GNSS 网中无任何其他类已知起算数据时，可将网中一点多次 GNSS 观测的伪距坐标作为网的位置基准。

2. GNSS 网尺度基准的优化设计

GNSS 网尺度的系统误差主要有两个特点：一个特点是随时间变化，广播星历误差大大增加；另一个特点是，随着各个地区的实地情况不同，其区域重力场不准确会进一步造成其系统误差。

（1）提供外部尺度基准。对于边长小于 50 km 的 GNSS 网，可用较高精度的测距仪（10^{-6} 或更高）施测 2~3 条基线边，作为整网的尺度基准，对于大型长基线网，可采用 SLR 站的相对定位观测值和 VLBI 基线作为 GNSS 网的尺度基准。

（2）提供内部尺度基准。在无法提供外部尺度基准的情况下，仍可采用 GNSS 观测值作为尺度基准，只是对于作为尺度基准的观测量提出一些不同要求，其尺度基准设计如图 6-14 所示。对 GNSS 网中长基线尽可能多地长时间且多次观测，最后取多次观测段所得到的基线平均值，以其边长作为网的尺度基准。

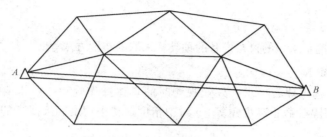

图 6-14　GNSS 网尺度基准设计

6.2.2.2　GNSS 网的精度设计

精度是用来衡量网的坐标参数估值受偶然误差影响程度的指标。网的精度设计是根据偶然误差传播规律，按照一定的精度设计方法，分析网中各未知点平差后预期能达到的精度。

对 GNSS 进行网形设计，必须考虑精度要求。GNSS 网精度设计可按如下步骤进行：

（1）首先根据布网目的，在图上进行选点，然后到野外踏勘选点，以保证所选点满足本次控制测量任务要求和野外观测应具备的条件，进而在图上获得要施测点位的概略坐标。

（2）根据本次 GNSS 控制测量使用的接收机台数 m，选取（$m-1$）条独立基线设计网的观测图形，并选定网中可能追加施测的基线。

（3）根据本次控制测量的精度要求，采用解析—模拟方法，依据精度设计模型，计算网可达到的精度数值。

（4）逐步增减网中独立观测基线，直至精度数值达到网的精度指标，并获得最终网形及施测方案。

6.2.3　GNSS 网技术设计书编写

技术设计书是 GNSS 网设计成果的载体，是 GNSS 测量的指导性文件，是 GNSS 测量的关键技术文档。资料收集齐全后，编写技术设计书。

6.2.3.1　任务来源及工作量

任务来源主要包括 GNSS 项目的来源、下达任务的项目、用途及意义；GNSS 测量点的数量（包括新定点数、约束点数、水准点数、检查点数）；GNSS 点的精度指标及坐标、高程系统。

6.2.3.2　测区概况

测区隶属的行政管辖；测区概况是介绍测区的地理位置、隶属行政区划、气候、人文、经济发展状况、交通条件、通信条件等。这些可以为今后工程施测工作的开展提供必要的信息，如在施测时进行时间、交通工具的安排以及电力设备、通信设备的准备。

6.2.3.3　工程概况

工程概况是介绍工程的目的、作用、要求、GNSS 网等级（精度）、完成时间、有无特殊要求等在进行技术设计、实际作业和数据处理中所必须了解的信息。

6.2.3.4　技术依据

技术依据是介绍工程所依据的测量规范、工程规范、行业标准及相关的技术要求等。

6.2.3.5　现有测绘成果

现有测绘成果是介绍测区内及与测区相关地区的现有测绘成果的情况，如已知点、测区地形图等。

6.2.3.6　施测方案

施测方案是介绍测量采用的仪器设备的种类、采取的布网方法等。

6.2.3.7　作业要求

作业要求规定了选点埋石要求、外业观测时的具体操作规程、技术要求等，包括仪器参数的设置（如采样间隔、截止高度角等）、对中精度、整平精度、天线高的量测方法及精度要求等。

6.2.3.8　观测质量控制

观测质量控制介绍外业观测的质量要求报告、质量控制方法及各项限差要求等，如数据剔除率、RMS 值、Ratio 值、同步环闭合差、异步环闭合差、相邻点对中误差、点位中误差等。

6.2.3.9　数据处理方案

数据处理的基本方法及使用的软件；起算点坐标的决定方法，闭合差检验及点位精度的评定指标。详细的数据处理方案包括基线解算和网平差所采用的软件和处理方法等内容。

对于基线解算的数据处理方案，应包括如下内容：基线解算软件、参与结算的观测值、解算时所使用的卫星星历类型等。

对于网平差的数据处理方案，应包括如下内容：网平差处理软件、网平差类型、网平差时的坐标系、基准及投影、起算数据的选取等。

6.2.3.10　提交成果要求

规定提交成果的类型及形式。

6.2.3.11　完成任务的措施

要求措施具体，方法可靠，能在实际工作中贯彻执行。

6.3　GNSS 测量外业实施

GNSS 测量外业实施包括 GNSS 点的选埋、观测、数据传输及数据预处理等工作。

6.3.1　选点与标志埋设

6.3.1.1　选点

进行 GNSS 静态控制测量，首先应在野外进行 GNSS 控制点的选取与埋设。GNSS 观测是通过接收天空卫星信号实现定位测量的，一般不要求测站之间相互通视。而且由于 GNSS 观测精度主要受观测卫星几何状况的影响，与地面点构成的几何状况无关，网的图形选择也较灵活，因此，选点工作较常规控制测量简单方便。GNSS 点位的适当选择对保证整个测绘工作的顺利进行具有重要的影响，因此应根据本次控制测量服务的目的、精度、密度要求，在充分收集和了解测区范围、地理情况以及原有控制点的精度、分布和保存情况的基础上，进行 GNSS 点位的选定与布设。

1. GNSS 控制点的选择原则

（1）点位应设在易于安装接收设备，视野开阔的较高点上。

（2）点位目标要显著，视场周围 15°以上不应有障碍物，以减少 GNSS 信号被遮挡或障碍物吸收。

（3）点位应远离大功率无线电发射源（如电视机、微波炉等），其距离不少于 200 m；远离高压输电线，其距离不得少于 50 m，以避免电磁场对 GNSS 信号的干扰。

（4）点位附近不应有在面积水域或不应有强烈干扰卫星信号接收的物体，以减弱多路径效应的影响。

（5）无位应选在交通方便，有利于其他观测手段扩展与联测的地方。

（6）地面基础稳定，易于点的保存。避开低洼及容易积水的地区，并应有利于安全作业。

（7）网形应有利于同步观测边、点连接。

（8）当所选点位需要进行水准联测时，选点人员应实地踏勘水准路线，选择联测的水准点并且绘制出联测路线图。

（9）充分利用符合要求的已有控制点，并应在点之记中注明。

（10）各级 GNSS 点可视需要设立与其通视的方位点，方位点应目标明显，方便观测，且距 GNSS 网点一般不小于 300 m。

（11）选站时应尽可能使测站附近的局部环境（地形、地貌、植被等）与周围的大环境保持一致，以减少气象元素的代表性误差。

2. 选点作业

（1）选点人员应按技术设计进行踏勘，在实地按要求选定点位。按照在图上选择的初步位置以及对点位的基本要求，在实地最终选定点位，并做好相应的标记。

（2）当利用旧点时，应对旧点的稳定性、完好性，以及觇标是否安全可用进行一一检查，符合要求方可利用。

（3）点名以该点位所在地命名，无法区分时，可在点名后加注（一）、（二）等予以区别。

（4）新旧点重合时，应沿用旧点名，一般不应更改。如由于某些原因确需更改时，要在新点名后加括号注上旧点名。GNSS 点与水准点重合时，应在新点名后的括号内注明水准点的等级和编号。

（5）无论新选的点还是利用原有的点（包括辅助点和方位点），均应在实地绘制点之记，现场详细记录，不得追记。

（6）点位周围存在高于 10°的障碍物时，应按照规范要求的形式绘制点的环视图。

（7）选点工作完成后，应按规范要求的形式绘制点之记、绘制 GNSS 网选点图，可以用相机或手机拍照片。

在点位选好后，在对点位进行编号时必须注意点位编号的合理性，在野外采集时输入的观测站名由 4 个任意输入的字符组成，为了在测后处理时方便及准确，必须不使点号重复。建议用户在编号时尽量采用阿拉伯数字按顺序编号。

3. 基线长度

GNSS 接收机对收到的卫星信号量测可达毫米级的精度。但是，由于卫星信号在大气传播时不可避免地受到大气层中电离层及对流层的扰动，导致观测精度的降低，因此在使用 GNSS 接收机测量时，通常采用差分的形式，用 2 台接收机来对一条基线进行同步观测。在同步观测同一组卫星时，大气层对观测的影响大部分都被抵消了。基线越短，抵消的程度越显著，因为这时卫星信号通过大气层到达两台接收机的路径几乎相同。

同时，当基线越长时，起算点的精度对基线的精度的影响也越大。起算点的精度常常影响基线的正常求解。

因此，建议用户在设计基线边时，应兼顾基线边的长度。通常对于单频接收机而言，基线边应以 20 km 范围以内为宜。基线边过长，一方面观测时间势必增加；另一方面，由于距离增大而导致电离层的影响有所增强。

4. 提交资料

选点工作完成后，应提交如下资料：

（1）点之记和环视图；

（2）GNSS 网选点图；

（3）选点工作总结。

6.3.1.2 标志埋设

标志埋设工作一般分为标石的制作、现场埋设、标石外部的整饰等工序，且均严格按照规范的有关规定执行。GNSS 网点一般应埋设具有中心标志的标石，以精确标志点位，点的标石和标志必须稳定、坚固以利于长久保存和利用。而对于各种变形监测网则更应该建立便于长期保存的标志。为了提高 GNSS 测量的精度，可埋设带有强制归心装置的观测墩。

1. 埋石作业

（1）各级 GNSS 点的标石一般应用混凝土灌制。有条件的地方可以用整块花岗岩、青石等坚硬石料凿制，其规格不应小于同类混凝土标石。埋设天线墩、基岩标石、基本标石时，现场浇灌混凝土，普通标石可以预制后运往各点埋设。

（2）埋设标石时，各层标志中线应严格位于同一铅垂线上，其偏差不得大于 2 mm。强制对中装置的对中误差不得大于 1 mm。

（3）利用旧点时，应确认该标石完好，并符合同级 GNSS 点埋石的要求，且能长期保存。上标石破坏时，可以下标石为准重新埋设上标石。

（4）方位点上应埋设普通标石，并加以注记。

（5）GNSS 点埋设所占土地应经土地使用者或上级管理部门同意，并办理相关手续。新埋设标石及天线墩应办理测量标志委托保管书，一式三份，交标石的保管单位或个人一份，上交和存档各一份。利用旧点时，需对委托保管书进行核实，不落实时，应重新办理委托保管手续。

（6）B、C 级点的标石埋设后至少需经过一个雨季，冻土地区至少经过一个解冻期，基岩或岩层标石至少需经过一个月后，方可用于观测。

（7）现场浇灌混凝土标石时，应在标石上压印 GNSS 点的类别、埋设年代和"国家设施勿动"等字样。荒漠、平原等不容易寻找 GNSS 点的地方，还需在 GNSS 点旁埋设指示碑。

2. 埋石标志

常见的埋石标志如下：

（1）普通混凝土标石。一般需要埋设普通混凝土标石。普通混凝土标石的顶面中心安置带"＋"字的不锈钢中心标志。标石规格：上部为 20 cm×20 cm，底部为 40 cm×40 cm，高为 60 cm。普通混凝土标石的规格如图 6-15（a）所示。

（2）建筑物上标志。当地面上不宜选点埋设标石的时候，可以在坚固的建筑物房顶设置楼顶标志。楼顶标志规格：上部为 20 cm×20 cm，底部为 30 cm×30 cm，高为 15 cm。建筑物上的标石严禁在隔热板上、沥青面上浇灌，衔接处要打毛，并清理干净，以确保将两层面牢固连接。标石的中心插入带"＋"字的不锈钢中心标志。建筑物上标志规格如图 6-15（b）所示。

（3）路面刻石标志。当地面上有稳固且能长久保存的坚硬路面时，控制点也可设置路面凿刻标志。标志规格：25 cm × 25 cm 的方框，深度约 0.5 cm。现场进行凿刻，中心打入带 " + "字的不锈钢中心标志，要确保牢固。路面刻石标志规格如图 6-15（c）所示。

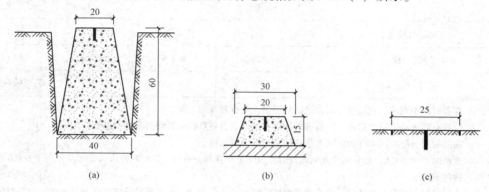

图 6-15　GNSS 点埋石标志

（a）普通混凝土标石的规格（单位：cm）；（b）楼顶标志的规格（单位：cm）；（c）路面刻石标志的规格（单位：cm）

3. 提交资料

埋石结束后，需上交的资料如下：

（1）填写埋石情况的 GNSS 点之记；

（2）土地占用批准文件与测量标志委托保管书；

（3）埋石建造拍摄的照片，包括钢筋骨架、标石坑、基座、标志、标石整饰以及标石埋设的远景照片；

（4）选点与埋石工作技术总结。

6.3.2　观测工作

6.3.2.1　外业观测工作依据的基本技术规定

GNSS 观测工作与常规测量在技术要求上有很大的区别，2009 年，国家质量监督检验检疫总局和国家标准化管理委员会发布的《全球定位系统（GPS）测量规范》（GB/T 18314—2009）、2019 年住房和城乡建设部发布的行业标准《卫星定位城市测量技术标准》（CJJ/T 73—2019）对观测工作的基本要求分别见表 6-13 和表 6-14。B、C、D、E 级 GNSS 网测量可以不观测气象元素，而只记录天气状况。GNSS 测量时，观测数据文件名中应包含测站名和测站号、观测单位、测站类型、日期、时段号等信息。雷雨、风暴天气不宜进行 B 级网的 GNSS 观测。

表 6-13　B、C、D 和 E 级网测量的基本技术要求（GB/T 18314—2009）

项目	级别			
	B	C	D	E
卫星截止高度角/°	10	15	15	15
同时观测有效卫星数	≥4	≥4	≥4	≥4
有效观测卫星总数	≥20	≥6	≥4	≥4

项目	级别			
	B	C	D	E
观测时段数	≥3	≥2	≥1.6	≥1.6
时段长度	≥23 h	≥4 h	≥60 min	≥40 min
采样间隔/s	30	10～30	10～30	10～30

注：1. 在各时段中观测，观测时间符合规定的卫星，为有效观测卫星；
　　2. 计算有效观测卫星总数时，应将各时段的有效观测卫星数扣除其间的重复卫星数；
　　3. 观测时段长度，应为开始记录数据到结束记录的时间段；
　　4. 观测时段数≥1.6，指采用网观测模式时，每站至少观测一时段，其中二次设站点数应不少于 GNSS 网总点数的 60%；
　　5. 采用基于卫星定位连续运行基准站观测模式时，可连续观测，但观测时间应不低于表中规定的各时段观测时间的和。

表 6-14　二等、三等、四等、一级和二级网测量的基本技术要求（CJJ/T 73—2019）

等级 项目	二等	三等	四等	一级	二级
卫星截止高度角/°	≥15	≥15	≥15	≥15	≥15
有效观测同类卫星数	≥4	≥4	≥4	≥4	≥4
平均重复设站数	≥2	≥2	≥1.6	≥1.6	≥1.6
时段长度/min	≥90	≥60	≥45	≥45	≥45
采样间隔/s	10～30	10～30	10～30	10～30	10～30
PDOP 值	<6	<6	<6	<6	<6

6.3.2.2　外业观测工作

外业观测工作主要包括天线安置、开机观测、观测记录和测量手簿等。

1. 天线安置

天线的精确安置是实现精确定位的重要条件之一，因此要求天线尽量利用三脚架安置在标志中心的垂线方向上直接对中观测，一般最好不要偏心观测。对于有观测墩的强制对中点，应将天线直接强制对中到中心。

在正常点位，天线应架设在三脚架上，并安置在标志中心的上方直接对中，天线基座上的圆水准气泡必须整平。

在特殊点位，当天线需要安置在三角点觇标的观测台或回光台上时，应先将觇标顶部拆除，以防止对 GNSS 信号的遮挡。这时可将标志中心反投影到观测台或回光台上，作为安置天线的依据。如果觇标顶部无法拆除，接收天线若安置在标架内观测，就会造成卫星信号中断，影响 GNSS 测量精度。在这种情况下，可进行偏心观测。偏心点选在离三角点 100 m 以内的地方，归心元素应以解析法精密测定。

天线的定向标志线应指向正北，并顾及当地磁偏角的影响，以减弱相位中心偏差的影响。天线移向误差依定位精度不同而异，一般不应超过 ±3° ~ ±5°。

刮风天气安置天线时，应将天线进行三方向固定，以防倒地碰坏。雷雨天气安置天线时，应注意将其底盘接地，以防雷击天线。

架设天线不宜过低，一般应距地面 1 m 以上。天线架设好后，在圆盘天线间隔 120°的 3 个方向分别量取天线高，3 次测量结果之差不应超过 3 mm，取其 3 次结果的平均值记入测量手簿，天线高记录取值 0.001 m。

测量气象参数：在高精度 GNSS 测量中，要求测定气象元素。每时段气象观测应不少于 3 次（时段开始、中间、结束）。气压读至 0.1 mbar，气温读至 0.1 ℃，对一般城市及工程测量只记录天气状况。

复查点名并记入测量手簿，将天线电缆与仪器进行连接，经检查无误后，方能通电启动仪器。

2. 开机观测

观测作业的主要目的是捕获 GNSS 卫星信号，并对其进行跟踪、处理和量测，以获得所需要的定位信息和观测数据。

天线安置完成后，在离开天线适当位置的地面上安放 GNSS 接收机，接通接收机与电源、天线、控制器的连接电缆，并经过预热和静置，即可启动接收机进行观测。

接收机锁定卫星并开始记录数据后，观测员可按照仪器随机提供的操作手册进行输入和查询操作，在未掌握有关操作系统之前，不要随意按键和输入，一般在正常接收过程中禁止更改任何设置参数。

通常来说，在外业观测工作中，仪器操作人员应注意以下事项：

（1）当确认外接电源电缆及天线等各项连接完全无误后，方可接通电源，启动接收机。

（2）开机后接收机有关指示显示正常并通过自检后，方能输入有关测站和时段控制信息。

接收机在开始记录数据后，应注意查看有关观测卫星数量、卫星号、相位测量残差、实时定位结果及其变化、存储介质记录等情况。

一个时段观测过程中，不允许进行以下操作：关闭又重新启动；进行自测试（发现故障除外）；改变卫星高度角；改变天线位置；改变数据采样间隔；按关闭文件和删除文件等功能键。

每一观测时段中，气象元素一般应在始、中、末各观测记录一次，当时段较长时可适当增加观测次数。

在观测过程中要特别注意供电情况，除在出测前认真检查电池容量是否充足外，作业中观测人员不要远离接收机，听到仪器的低电压报警时要及时予以处理，否则可能会造成仪器内部数据的破坏或丢失。对观测时段较长的观测工作，建议尽量采用太阳能电池板或汽车电瓶进行供电。

仪器高一定要按规定始、末各量测一次，并及时输入仪器及记入测量手簿。

在观测过程中不要靠近接收机使用对讲机；雷雨季节架设天线要防止雷击，雷雨过境时应关机停测，并卸下天线。

观测站的全部预定作业项目，经检查均已按规定完成，且记录与资料完整无误后方可迁站。

观测过程中要随时查看仪器内存或硬盘容量，每日观测结束后，应及时将数据转存至计算机硬盘、软盘上，确保观测数据不丢失。

3. 观测记录

GNSS 接收机获取的卫星信号由接收机内置的存储介质记录，其中包括载波相位观测值及相应的观测历元、伪距观测值、相应的 GNSS 时间、GNSS 卫星星历及卫星钟差参数，测站信息及单点定位近似坐标值。

在外业观测工作中，所有信息资料均须妥善记录。记录形式主要有以下两种：

（1）观测记录。观测记录由 GNSS 接收机自动进行，均记录在存储介质（如硬盘、硬卡或记忆卡等）上，其主要内容如下：

①载波相位观测值及相应的观测历元；

②同一历元的测码伪距观测值；

③GNSS 卫星星历及卫星钟差参数；

④实时绝对定位结果；

⑤测站控制信息及接收机工作状态信息。

（2）测量手簿。测量手簿是在接收机启动前及观测过程中，由观测者随时填写的。其记录格式在现行规范中略有差别，视具体工作内容进行选择。为便于使用，这里列出规范中城市与工程 GNSS 网观测记录格式供参考，见表6-15。

表 6-15 GNSS 测量记录格式

点号		点名		图幅	
观测员		记录员		观测年月/年积日	
接收设备		天气状况		近似位置	
接收机型号及编号		天气		纬度	
天线号码		风向		经度	
存储介质及编号		风力		高程	
天线高/m	测前		观测时间	开始记录	
	测后			结束记录	
	平均值			总时段序号	
				日时段序号	
气象元素				观测记事	
时间	气压/mbar	温度/℃	湿度/%		

观测记录和测量手簿都是 GNSS 精密定位的依据，必须认真、及时填写，坚决杜绝事后补记或追记。

4. 测量手簿

（1）测量手簿记录内容。GNSS 测量手簿记录内容如下：

①点号、点名、观测员、记录员；站时段号、日时段号；存储介质及编号、备份存储介质及编号。

②图幅编号：填写点位所在 1∶50 000 地形图图幅编号。

③时段号、观测时间：每个测站时段号按顺序连续编号，如 01、02、03，观测时间填写年、月、日，并打一斜杠填写年积日。

④接收机型号及编号、天线类型及编号：填写全名，"扼流圈双波天线"，主机及天线编号从主机及天线上查取，填写完整。

⑤原始数据文件名、Rinex 格式数据文件名。

⑥近似纬度、近似经度、近似高程：纬度值填写至 1′，近似高程填写至 100 m。

⑦采样间隔、开始和结束记录时间：采样间隔填写接收机实际设置的数据库采样率。

⑧天线高及其测量方法略图：各项规定值取至 0.001 m。

⑨点位略图：按点附近地形地物绘制，应有 3 个标定点位的地物点，比例尺大小按点位具体情况而定。点位环境发生变化后，应注明新增障碍物的性质，如树林、建筑物等。

⑩测站作业记录：记载有效卫星观测数、PDOP 值等，B 级每 4 h 记录一次，C 级每 2 h 记录一次，D、E 级观测开始和结束各记录一次。

⑪观测记事：记载天气状况，填写开机时的状况，按晴、多云、阴、小雨、中雨、大雨、小雷、中雷、大雪、风力、风向选一项记录，同时记录云量和分布；记录是否进行偏心观测，其记录在何手簿，以及整个观测过程中出现的问题，出现时间及处理情况。

⑫其他记录，包括偏心观测资料等。

（2）记录要求。规范规定要求如下：

①观测前和观测过程中应按要求及时填写各项内容，书写要认真仔细，字迹工整、清晰、美观。

②观测手簿各项观测记录一律使用铅笔，不得刮擦、涂改，不应转抄或追记，如有读、记错误，应整齐画掉，将正确数据写在上边并标注原因。其中天线高、天气等原始数据不应重复涂改。

③观测手簿整饰、存储介质注明和各种计算一律使用蓝黑墨水笔书写。

④外业观测中接收机内存介质上的数据文件应及时复制一式两份，并在外存储介质外面的适当处贴标签，注明网区名、点名、点号、观测单元号、时段号、文件名、采集日期、测量手簿编号等。两份存储介质应分别保存在专人保管的防水、防漏电的资料箱内。

⑤接收机内存数据文件在转录到外存介质上时，不得进行任何剔除和删改、编辑。测量手簿应事先连续编印页码并装订成册，不得缺损。其他记录也应分别装订成册。

6.4 GNSS 测量数据内业处理

GNSS 接收机采集记录的是 GNSS 接收机天线至卫星伪距、载波相位和卫星星历等数据。如果采样间隔为 20 s，则每 20 s 记录一组观测值，一台接收机连续观测 1 h 将有 180 组观测值。观测值中有对 4 颗以上卫星的观测数据以及地面气象观测数据等。GNSS 数据处理要从原始的观测值出发得到最终的测量定位成果，其数据处理过程大致分为 GNSS 测量数据的基线向量解算、GNSS 基线向量网平差以及 GNSS 网平差或与地面网联合平差等几个阶段。数据处理的基本流程如图 6-16 所示。

6.4.1 数据传输

GNSS 测量数据处理的对象是 GNSS 接收机在野外所采集的观测数据。大多数的 GNSS 接收机采集的数据记录在接收机的内部存储器或移动存储介质上。数据传输是用专用电缆将接收机与计算机连接，并在后处理软件的菜单中选择传输数据选项后，将观测数据传输至计算机。数据传输的同时进行数据分流，生成 4 个数据文件：载波相位和伪距观测值文件、星历参数文件、电离

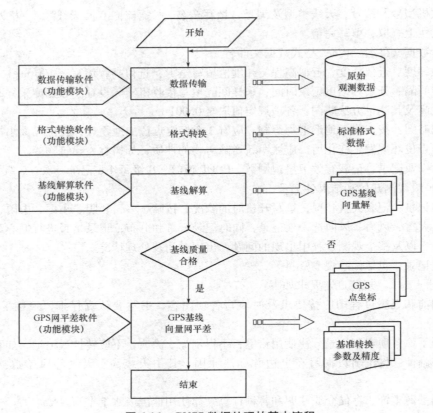

图 6-16 GNSS 数据处理的基本流程

层参数和 UTC 参数文件、测站信息文件。数据传输也是数据预处理的一项内容。

载波相位和伪距观测值文件是容量最大的文件。观测值记录中有对应的卫星号、卫星高度角和方位角、C/A 码伪距、L_1、L_2 的相位观测值、观测值对应的历元时间、积分多普勒记数、信噪比等。

星历参数文件包含所有被测卫星的轨道位置信息，根据这些信息可以计算出任一时刻卫星的位置。

电离层参数和 UTC 参数文件中，电离层参数用于改正观测值的电离层影响，UTC 参数用于将 GNSS 时间修正为 UTC 时间。

测站信息文件包含测站名、测站号、测站的概略坐标、接收机号、天线号、天线高、观测的起止时间、记录的数据量、初步定位成果等。

经数据分流后生成的 4 个数据文件中，除测站信息文件外，其余均为二进制数据文件。为下一步预处理的方便，必须将它们解译成直接识别的文件，将数据文件标准化。

6.4.2　数据预处理

为了获得 GNSS 观测基线向量并对观测成果进行质量检核，首先要进行 GNSS 数据的预处理。根据预处理结果对观测数据的质量进行分析并做出评价，以确保观测成果和定位结果的预期精度。GNSS 数据预处理的目的是对数据进行平滑滤波检验，剔除粗差；统一数据文件格式并将各类数据文件加工成标准化文件（如 GNSS 卫星轨道方程的标准化，卫星时钟钟差标准化，观测值文件标准化等），找出整周跳变点并修复观测值；对观测值进行各种模型改正等。

6.4.2.1　数据处理软件及选择

GNSS 网数据处理分为基线解算和网平差两个阶段。各阶段数据处理软件可采用随机软件或经正式鉴定的软件，对于高精度的 GNSS 网成果处理，也可选用国际著名的 GAMIT/GLOBK、BERNESE、GIPSY 等软件，国内常用的高精度 GNSS 数据处理软件主要有武汉大学的科傻 GPS2、同济大学的 TJGPS3、南方公司的 GPSAJDJ 基线处理与平差软件等。

6.4.2.2　数据格式转换

1. RINEX 格式

GNSS 数据处理时，所采用的观测数据来自野外观测的 GNSS 接收机。接收机在野外进行观测时，通常将所采集的数据记录在接收机的内部存储器或可移动的存储介质中。在完成观测后，需要将数据传输到计算机中，以便进行处理分析，这一过程通常是利用 GNSS 接收机厂商所提供的数据传输软件来进行的，传输到计算机中的数据一般采用 GNSS 接收机厂商所定义的专有格式以二进制文件的形式进行存储。一般来说，不同 GNSS 接收机厂商所定义的专有格式各不相同，有时甚至同一厂商不同型号仪器的专有格式也不相同。专有格式具有存储效率高、各类信息齐全的特点，但在某些情况下，如在一个项目中采用了不同接收机进行观测时，却不方便进行数据处理分析，因为数据处理分析软件能够识别的格式是有限的。

RINEX（Recerver Independent Exchange Format，与接收机无关的交换格式）是一种在 GNSS测量中普遍采用的标准数据格式，该格式采用文本文件的形式存储数据，数据记录格式与接收机的制造厂商和具体型号无关。

RINEX 格式已经成为 GNSS 测量应用中的标准数据格式，几乎所有测量型 GNSS 接收机厂商都能提供将其专有格式文件转换为 RINEX 格式文件的工具，而且几乎所有的数据分析处理软件都能够直接读取 RINEX 格式的数据。这意味着在实际观测作业中可以采用不同厂商的接收机进行混合编组，而数据处理则可采用某一特定软件进行。

2. 文件类型及命名规则

（1）文件类型。RINEX 格式定义了 6 种不同类型的数据文件，分别用于存放不同类型的数据，它们分别是用于存放 GNSS 观测值的观测数据文件；用于存放 GPS 卫星导航电文的导航电文文件；用于存放在测站所测定的气象数据的气象数据文件；用于存放 GLONASS 卫星导航电文的GLONASS 导航电文文件；用于存放在增强系统中搭载 GNSS 信号发生器的地球同步卫星（GEO）的 GEO 导航电文文件；用于存放卫星和接收机时钟信息的卫星和接收机钟文件。对于大多数GNSS 测量用户来说，RINEX 格式的观测书记、导航电文和气象数据文件最为常见，前两类数据在进行数据处理分析时通常是必需的，而其他类型的数据是可选的，特别是 GLONASS 导航电文文件和 GEO 导航电文文件平时并不多见。

（2）命名规则。RINEX 格式对数据文件的命名有着特殊的规定，以便于用户仅通过文件名就能很容易地区分数据文件的归属、类型和所记录数据的时间。根据规定，RINEX 格式的数据文件采用"＊＊＊＊＊＊＊＊．＊＊＊"的命名方式，完整的文件名由用于表示文件归属的 8 字符长度的主文件名和用于表示文件类型的 3 位字符长度的扩展名两部分组成，其具体形式如下：

ssssdddf. yyt

其中：

ssss——4 字符长度的测站代码。

ddd——文件中第一个记录所对应的年积日。

f——一天内的文件序号，有时也称为时段号，取值从 0~9，A~Z，当为 0 时，表示文件包含当天所有的数据。注意，文件序号的编列是以整个项目在一天内的同步观测时段为基础，而不是以某台接收机在一天之内的观测时段为基础。

yy——年份。

t——文件类型，为下列字母中的一个：

O——观测值文件。

N——GNSS 导航电文文件。

M——气象数据文件。

G——GLONASS 导航电文文件。

H——地球同步卫星 GNSS 有效荷载导航电文文件。

C——钟文件。

例如：文件为 JTGC1060.18O 的 RINEX 格式数据文件，为点 JTGC 在 2018 年 4 月 16 日（年积日为 106）整天的观测值数据文件；数据文件名为 JTGC1060.18C 的 RINEX 格式数据文件，则相应为在该点上进行观测的接收机所记录的钟文件。

6.4.2.3　基线解算

对于两台及两台以上接收机同步观测值进行独立基线向量（坐标差）的平差计算叫作基线解算，有的也叫作观测数据预处理。预处理的主要目的是对原始数据进行编辑、加工整理、分流并产生各种专用信息文件，为进一步的平差计算做准备。它的基本内容如下：

（1）将 GNSS 接收机记录的观测数据传输到磁盘或其他介质上。

（2）数据分流从原始记录中，通过解码将各种数据分类整理，剔除无效观测值和冗余信息，形成各种数据文件，如星历文件、观测文件和测站信息文件等。

（3）统一数据文件格式，将不同类型接收机的数据记录格式、项目和采样间隔，统一为标准化的文件格式，以便统一处理。

（4）卫星轨道的标准化采用多项式拟合法，平滑 GNSS 卫星每小时发送的轨道参数，使观测时段的卫星轨道标准化。

（5）探测周跳、修复载波相位观测值。

（6）对观测值进行必要改正，在 GNSS 观测值中加入对流层改正，单频接收机的观测值中加入电离层改正。

基线向量的解算一般采用多站、多时段自动处理的方法进行，具体处理中应注意以下几个问题：

（1）基线解算一般采用双差相位观测值，对于边长超过 30 km 的基线，解算时也可采用三差相位观测值。

（2）卫星广播星历坐标值，可作为基线解的起算数据。对于特大城市的首级控制网，也可采用其他精密星历作为基线解算的起算值。

（3）基线解算中所需的起算点坐标，应按以下优先顺序采用：

①国家 GNSS A、B 级网控制点或其他高等级 GNSS 网控制点的已有 WGS-84 系坐标；

②国家或城市较高等级控制点转换到 WGS-84 系后的坐标值；

③不少于观测 30 min 的单点定位结果的平差值提供的 WGS-84 系坐标。

（4）在采用多台接收机同步观测的一个同步时段中，可采用单基线模式解算，也可以只选择独立基线按多基线处理模式统一解算。

（5）同一级别的 GNSS 网，根据基线长度不同，可采用不同的数据处理模型。但是 0.8 km

内的基线须采用双差固定解。30 km 以内的基线，可在双差固定解和双差浮点解中选择最优结果。30 km 以上的基线，可采用三差解作为基线解算的最终结果。

（6）对于所有同步观测时间短于 30 min 的快速定位基线，必须采用合格的双差固定解作为基线解算的最终结果。

6.4.3　观测成果的外业检核

对野外观测资料首先要进行复查，内容包括成果是否符合调度命令和规范要求；所得的观测数据质量分析是否符合实际，然后进行下列项目的检查。

6.4.3.1　每个时段同步出观测数据的检核

（1）数据剔除率。剔除的观测值个数与应获得的观测值个数的比值称为数据剔除率。同一时段的数据剔除率应小于 10%。

（2）采用单基线处理模式时，对于采用同一种数学模型的基线，其同步时段中任一三边同步环应满足式（6-14）的要求，同步时段中任意三边同步环的坐标分量相对闭合差和全长相对闭合差不得超过表 6-16 所列。

$$\left.\begin{array}{l} W_x \leq \sqrt{3}\,\sigma/5 \\ W_y \leq \sqrt{3}\,\sigma/5 \\ W_z \leq \sqrt{3}\,\sigma/5 \end{array}\right\} \tag{6-14}$$

表 6-16　同步坐标分量及环线全长相对闭合差限差　　　　　　　1×10^{-6}

等级限差类型	二等	三等	四等	一级	二级
坐标分量相对闭合差	2.0	3.0	6.0	9.0	9.0
环线全长相对闭合差	3.0	5.0	10.0	15.0	15.0

6.4.3.2　重复基线检查

同一条基线进行了多次观测，可得多个基线向量值。这种具有多个独立观测结果的基线称为重复基线。重复基线的任意两个时段的成果互差不得超过 $2\sqrt{2}\,\sigma$。其中的 σ 是按相应精度等级的平均基线长度计算的基线长度中误差。

6.4.3.3　异步环检验

无论采用单基线模式或多基线模式解算基线，都应在整个 GNSS 网中选取一组独立基线构成独立环，各独立环的坐标分量闭合差和全长闭合差应符合式（6-15）的规定。

$$\left.\begin{array}{l} \omega_x = 3\sqrt{n}\,\sigma \\ \omega_y = 3\sqrt{n}\,\sigma \\ \omega_z = 3\sqrt{n}\,\sigma \\ \omega = 3\sqrt{n}\,\sigma \end{array}\right\} \tag{6-15}$$

当发现同步环、异步环和重复基线闭合差超限时，应分析原因并对其中部分或全部成果重测，而需要重测的基线，应尽量安排在一起进行同步观测。

对经过检核超限的基线，在充分分析的基础上，进行野外返工观测。基线返工应注意以下几个问题：

（1）无论何种原因造成一个控制点不能与两条合格独立基线相连接，则在该点上应补测或重测不少于一条独立基线。

（2）可以舍弃在重复基线检验、同步环检验、异步环检验中超限的基线，但必须保证舍弃基线后的独立环所含基线数。

（3）由于点位不符合 GNSS 测量要求而造成一个测站多次重测仍不能满足各项限差规定时，可按技术设计要求另增选新点重测。

6.4.4　基线向量解算

基线解算的过程，实际上主要是一个利用最小二乘法进行平差的过程。平差所采用的观测值主要是双差观测值。在基线解算时，平差要分五个阶段进行：第一阶段，根据三差观测值，求得基线向量的初值；第二阶段，根据初值及双差观测值进行周跳修复；第三阶段，进行双差浮点解算，解算出整周未知数参数和基线向量的实数解；第四阶段，将整周未知数固定成整数，即整周模糊度固定；第五阶段，将确定的整周未知数作为已知值，仅将待定的测站坐标作为未知参数，再次进行平差解算，解求出基线向量的最终解——整数解。

6.4.4.1　基线解算阶段的质量控制

1. 质量控制指标

（1）单位权中误差。平差后单位权中误差值一般为 0.05 周以下，否则表明观测值中存在某些问题。例如，可能存在受多路径干扰、外界无线电信号干扰或接收机时钟不稳定等影响的低精度观测值；观测值改正模型不适宜；周跳未被完全修复；整周未知数解算不成功使观测值存在系统误差等。当然，单位权中误差较大，也可能是由于起算数据存在问题，如存在基线固定端点坐标误差或存在基准数据的卫星星历误差的影响。

（2）数据删除率。基线解算时，如果观测值的改正数超过某一限值，则认为该观测值含有粗差，应将其剔除。被删除的观测值的数量与观测值总数的比值，叫作数据删除率。数据删除率越大，说明观测质量越低。

（3）RATIO。RATIO 值反映了所确定出的整周未知数的可靠性，这一指标取决于多种因素，既与观测值的质量有关，也与观测条件的好坏有关。所谓观测条件是指卫星星座的几何图形和卫星的运行轨迹。

$$RATIO = \frac{m_{0次小}}{m_{0最小}} \tag{6-16}$$

（4）RDOP。RDOP 值是指在基线解算时协因数阵 Q 的迹 $trace(Q)$ 的平方根，即

$$RDOP = \sqrt{trace(Q)} \tag{6-17}$$

RDOP 值的大小与基线位置和卫星在空间的几何分布及运行轨迹（观测条件）有关。当基线位置确定以后，RDOP 值就只与观测条件有关。而观测条件又是时间的函数，因此，RDOP 值的大小与基线的观测时间段有关。

（5）RMS。RMS 定义如下：

$$RMS = \sqrt{\frac{V^T P V}{n-1}} \tag{6-18}$$

式中　V——基线向量改正数，也叫作观测值残差；

　　　P——观测基线的权；

　　　n——观测基线总数。

RMS 值只与观测值的质量有关，观测值的质量越好，RMS 值越小；它与观测条件无关。

（6）同步环闭合差。同步环闭合差是由同步观测基线所组成闭合环的闭合差。由于同步观测基线间具有一定的内在联系，从而使得同步环闭合差在理论上应为 0。由于基线解算的模型误差和数据处理软件的内在缺陷，使得同步环的闭合差实际上不能为 0。如果同步环闭合差超限，则说明组成同步环的基线中至少存在一条基线向量是错误的。反过来，即使同步环闭合差没有超限，也不能说明组成同步环的所有基线在质量上均合格。

（7）异步环闭合差。构成闭合环的基线不是由各接收机同步观测的基线，这样的闭合环称为异步环，其闭合差称为异步环闭合差。

当异步环闭合差满足限差要求时，表明组成异步环的基线向量的质量是合格的；当异步环闭合差不满足限差要求时，表明组成异步环的基线向量中至少存在一条基线向量的质量不合格。要确定出哪条基线向量的质量不合格，可以通过多个相邻的异步环或重复基线来进行。

（8）重复基线较差。不同观测时段对同一条基线的观测结果，就是所谓的重复基线。这些观测结果之间的差异，就是重复基线较差。

2. 质量控制指标的应用

RATIO、*RDOP* 和 *RMS* 这几个质量指标只具有某种相对意义，它们数值的高低不能绝对地说明基线质量的高低。若 *RMS* 偏大，则说明观测值质量较差；若 *RDOP* 值较大，则说明观测条件较差。

6.4.4.2　影响 GNSS 基线解算结果的几个因素及其对策

1. 影响 GNSS 基线解算结果的几个因素

（1）基线解算时所设定的起点坐标不准确。起点坐标不准确，会导致基线出现尺度和方向上的偏差。

（2）少数卫星的观测时间太短，导致这些卫星的整周未知数无法准确确定，当卫星的观测时间太短时，会导致与该颗卫星有关的整周未知数无法准确确定。而对于基线解算来讲，如果参与计算的卫星相关的整周未知数没有准确确定，就将影响整个 GNSS 基线解算结果。

（3）在整个观测时段里，有个别时间段里周跳太多，致使周跳修复不完善。

（4）在观测时段内，多路径效应比较严重，观测值的改正数普遍较大。

（5）对流层或电离层折射影响过大。

2. 影响 GNSS 基线解算结果因素的判别

对于影响 GNSS 基线解算结果的因素，有些是较容易判别的，如卫星观测时间太短、周跳太多、多路径效应严重、对流层或电离层折射影响过大等；但对于另外一些因素不好判别，如起点坐标不准确。

（1）基线起点坐标。对于由起点坐标不准确对基线解算质量造成的影响，目前还没有较容易的方法来加以判别，因此在实际工作中，只有尽量提高起点坐标的准确度，以避免这种情况的发生。

（2）卫星观测时间短的判别。关于卫星观测时间太短这类问题的判别比较简单，只要查看观测数据的记录文件中有关每个卫星的观测数据的数量就可以了，有些数据处理软件还输出卫星的可见性图，这就更直观了。

（3）周跳太多的判别。对于卫星观测值中周跳太多的情况，可以从基线解算后所获得的观测值残差上来分析。目前大部分的基线处理软件一般采用双差观测值，当在某测站对某颗卫星的观测值中含有未修复的周跳时，与此相关的所有双差观测值的残差都会出现显著的整数倍增大。

（4）多路径效应严重、对流层或电离层折射影响过大的判别。对于多路径效应、对流层或电离层折射影响的判别，也是通过观测值残差来进行的。不过与整周跳变不同的是，当多路径效应严重、对流层或电离层折射影响过大时，观测值残差不是像周跳未修复那样出现整数倍的增大，而只是出现非整数倍的增大，一般不超过 1 周，但又明显地大于正常观测值的残差。

3. 应对措施

应对措施如下：

（1）基线起点坐标不准确的应对方法。要解决基线起点坐标不准确的问题，可以在进行基线解算时，使用坐标准确度较高的点作为基线解算的起点。较为准确的起点坐标可以通过进行较长时间的单点定位或通过与 WGS-84 坐标较准确的点联测得到，也可以采用在进行整网的基线解算时，所有基线起点的坐标均由一个点坐标衍生而来，使得基线结果均具有某一系统偏差，然后在 GNSS 网平差处理时，引入系统参数的方法加以解决。

（2）卫星观测时间短的应对方法。若某卫星的观测时间太短，则可以删除该卫星的观测数据，不让它们参加基线解算，这样可以保证基线解算结果的质量。

（3）周跳太多的应对方法。若多颗卫星在相同的时间段内经常发生周跳，则可采用删除周跳严重的时间段的方法，来尝试改善基线解算结果的质量，若只是个别卫星经常发生周跳，则可采用删除经常发生周跳的卫星的观测值的方法，来尝试改善基线解算结果的质量。

（4）多路径效应严重的应对方法。由于多路径效应往往造成观测值残差较大，因此，可以通过缩小编辑因子的方法来剔除残差较大的观测值。另外，可以删除多路径效应严重的时间段或卫星。

（5）对流层或电离层折射影响过大的应对方法。对于对流层或电离层折射影响过大的问题，可以采用下列方法解决：提高截止高度角，剔除易受对流层或电离层影响的低高度角观测数据。但这种方法具有一定的盲目性，因为高度角低的信号不一定受对流层或电离层的影响就大。分别采用模型对对流层和电离层延迟进行改正。如果观测值是双频观测值，则可以使用消除电离层折射影响的观测值来进行基线解算。

6.4.5 GNSS 网平差处理

在一般情况下，多个同步观测站之间的观测数据，经基线向量解算后，用户所获得的结果一般是观测站之间的基线向量及其方差与协方差。再者，在某一区域的测量工作中，用户可能投入的接收机数总是有限的，所以当布设的 GNSS 网点数较多时，则需在不同的时段，按照预先的作业计划，多次进行观测。而 GNSS 解算不可避免地会带来误差、粗差以及不合格解。在这种情况下，为了提高定位结果的可靠性，通常需将不同时段观测的基线向量连接成网，并通过观测量的整体平差，以提高定位结果的精度。这样构成的 GNSS 网，将含有许多闭合条件，整体平差的目的在于清除这些闭合条件的不符值。

GNSS 控制网是由相对定位所求得的基线向量构成的空间基线向量网。在 GNSS 控制网的平差中，以基线向量及协方差为基本观测量。GNSS 控制网的平差通常采用三维无约束平差、三维约束平差及三维联合平差三种平差模型。

6.4.5.1 三维无约束平差

所谓三维无约束平差，就是在 WGS-84 三维空间直角坐标系中，GNSS 控制网中只有一个已知点坐标的情况下所进行的平差。三维无约束平差的主要目的是考察 GNSS 基线向量网本身的内部符合精度以及基线向量之间有无明显的系统误差和粗差，其平差无外部基准，也未引入外部基准，但其误差并不会使控制网产生变形和改正。由于 GNSS 基线向量本身提供了尺度基准和定向基准，故在 GNSS 网平差时，只需提供一个位置基准。因此，GNSS 网不会因为该基准误差而产生变形，是一种无约束平差。GNSS 网的三维无约束平差的意义有以下四个方面：

1. 改善 GNSS 网的质量，评定 GNSS 网的内部符合精度

通过网平差，可得出一系列可用于评估网精度的指标（如观测值改正数、观测值验后方差、观测值单位权方差、相邻点距离中误差、点位中误差等），发现和剔除 GNSS 观测值中可能存在的粗差。由于三维无约束平差的结果完全取决于 GNSS 网的布设方法和 GNSS 观测值的质量，因此三维无约束平差的结果就完全反映了 GNSS 网本身的质量好坏。如果平差结果质量不好，说明 GNSS 网的布设或 GNSS 观测值的质量有问题；反之，则说明 GNSS 网的布设或 GNSS 观测值的质量没有问题。结合这些精度指标，还可以设法确定出质量不佳的观测值，并对它们进行相应的处理，从而达到改善网的质量的目的。

2. 消除由观测量和已知条件中所存在的误差而引起的 GNSS 网在几何上的不一致

由于观测值中存在误差以及数据处理过程中存在模型误差等因素，通过基线解算得到的基线向量中必然存在误差。另外，起算数据可能存在误差。这些误差将使得 GNSS 网存在几何上的不一致，它们包括闭合环闭合差不为 0；复测基线较差不为 0；通过由基线向量所形成的闭合环和符合路线，将坐标由一个已知点传算到另一个已知点的符合差不为 0 等。通过网平差，可以消除这些不一致，得到 GNSS 网中各个点经过平差处理的三维空间直角坐标。

在进行 GNSS 网的三维无约束平差时，如果指定网中某点准确的 WGS – 84 坐标系的三维坐标作为起算数据，则最后可得到 GNSS 网中各个点经过平差处理的 WGS – 84 坐标系中的坐标。

3. 确定 GNSS 网中点在指定参照系下的坐标以及其他所需参数的估值

在网平差过程中，通过引入起算数据，如已知点、已知边长、已知方向等，可最终确定出点在指定参照系下的坐标及其他一些参数，如基准转换参数等。

4. 为将来可能进行的高程拟合提供经过平差处理的大地高数据

用 GNSS 水准替代常规水准测量获取各点的正高或正常高是目前 GNSS 应用中一个较新的领域，现在一般采用的是利用公共点进行高程拟合的方法。在进行高程拟合之前，必须获得经过平差的大地高数据，三维无约束平差可以提供这些数据。

6.4.5.2　三维约束平差

所谓三维约束平差，就是指以国家大地坐标系或地方坐标系的某些固定点的坐标、固定边长及固定方位为网的基准，并将其作为平差中的约束条件，在平差计算中考虑 GNSS 网与地面网之间的转换参数。

在进行 GNSS 网的三维约束平差时，如果配置足够数量的国家大地坐标系或地方坐标系基准数据作为 GNSS 网的约束起算数据，则最后可得到的 GNSS 网中各个点经过平差处理的在国家大地坐标系或地方坐标系中的坐标。

国家大地坐标系或地方坐标系约束基准数据的数量与质量，以及在网中的分布均对平差结果精度产生影响。一般来说，平差前必须选择满足要求的基准数据，获得经过平差的大地高数据。

6.4.5.3　GNSS 网与地面网三维联合平差

三维联合平差是除了顾及上述 GNSS 基线向量的观测方程和作为基准的约束条件外，同时顾及地面中的常规观测值（如方向、距离、天顶距等）的平差。经过 GNSS 网与地面网的联合平差，可使新布设的 GNSS 网与地面原有的控制网构成一个整体，使其精度能够较均匀地分布，消

除新旧网接合部的缝隙。

GNSS 三维平差流程如图 6-17 所示。在 GNSS 网三维平差中，首先应进行三维无约束平差，平差后通过观测值改正数检验，观察基线向量中是否存在粗差，并剔除含有粗差的基线向量，再重新进行平差，直至确定网中没有粗差后，再对单位权方差因子进行 χ^2 检验，判断平差的基线向量随机模型是否存在误差，并对随机模型进行改正，以提供较为合适的平差随机模型。然后，对 GNSS 网进行约束平差或联合平差，并对平差中加入的转换参数进行显著性检验。对于不显著的参数应剔除，以免破坏平差方程的形态。

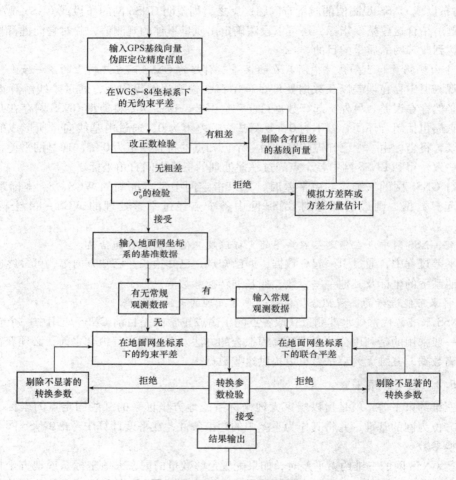

图 6-17 GNSS 三维平差流程

6.4.5.4 GNSS 网的二维平差

由于大多数工程及生产使用的坐标系均采用平面坐标和正常高程坐标系统，因此将 GNSS 基线向量投影到平面上，进行二维平面约束平差是十分必要的。由于 GNSS 基线向量网二维平差应在某一参考椭球面或某一投影平面坐标系上进行，因此平差前必须将 GNSS 三维基线向量观测值及其协方差阵转换投影至二维平差计算面，也就是从三维基线向量中提取二维信息，在平差计算面上构成一个二维 GNSS 基线向量网。

　　GNSS 基线向量网二维平差也可分为无约束平差、约束平差和联合平差三类。平差原理及方法均与三维平差相同。由二维约束平差和联合平差获得的 GNSS 平面成果，就是国家坐标系中或地方坐标系中具有传统意义的控制成果。在平差中的约束条件往往是由地面网与 GNSS 网重合的已知点平标，这些作为基准的已知点的精度或它们之间的兼容性是必须保证的；否则，由于基准本身误差太大互不兼容，将会导致平差后的 GNSS 网产生严重变形，精度大大降低。因此在平差中，应通过检验发现并淘汰精度低且不兼容地面网的已知点，再重新平差。

　　在三维基线向量转换成二维基线向量的过程中，应避免地面网中大地高程不准确引起的尺度误差和 GNSS 网变形，以保证 GNSS 网转换后整体及相对几何关系不变。因此，可采用在一点上实行位置强制约束，在一条基线的空间方向上实行方向约束的三维转换方法，也可在一点上实行位置强制约束，在一条基线的参考椭球面投影的法截弧和大地线方向上实行定向约束的准三维转换方法，使得转换后的 GNSS 网与地面网在一个基准点上和一条基线上的方向完全一致，而两网之间只存在尺度比差和残余定向差。通过坐标系的转换，将基线向量与其协方差阵变换到二维平面坐标系中之后，便可进行二维平差。

6.4.6　GNSS 数据处理软件的使用

　　本节将以中海达 GNSS 数据处理软件为例，介绍 GNSS 测量数据处理的一般流程。

6.4.6.1　软件简介

　　中海达 GNSS 数据处理软件由卫星预报、野外动静态数据采集、数据传输、项目管理、静态基线处理、动态路线处理、闭合差搜索、网平差、成果输出、坐标系管理及坐标转换等模块组成。

　　HGO（Hi-Target Geomatics Office）软件全名"HGO 数据处理软件包"，是中海达在 10 多年的后处理软件运用与用户体验改进的基础上继 HDS2003 软件后推出的第二代静态解算软件。该软件用于高精度测量用户的基线数据处理，网平差，坐标转换。

　　软件的功能及特点如下：

　　（1）该软件设计支持 GNSS、GLONASS、BDS 多系统解算，支持静态、动态（走走停停，后处理 RTK）等多种作业模式。

　　（2）全新第二代基线处理引擎，能够解算超长时间的静态数据，并能智能剔除粗差数据，用户的基线处理变得前所未有的简单。

　　（3）全新的网平差模块，能进行 WGS-84 系统下约束平差、当地约束平差等工作。

　　（4）全新的用户界面设计，与国际软件接轨。

　　（5）配套完整的解决软件工具，包括全新的 Rinex 转换软件 ConvertRinex、坐标转换软件 CoordTool、精密星历下载软件 SP3Gate 等。

6.4.6.2　GNSS 测量数据处理流程

　　HGO 数据处理软件进行 GNSS 测量数据处理的基本操作流程如下：

　　（1）新建项目，并设置坐标系统；

　　（2）导入数据，并编辑文件天线高信息；

　　（3）基线解算，并根据残差信息进行调整，直到基线质量合格；

　　（4）网平差，输入控制点信息后，完成自由网平差→84 约束平差→当地三维约束平差或二维约束平差；

　　（5）导出各种解算报告。

6.4.6.3 HGO 数据处理软件的使用

1. 新建项目

HGO 数据处理软件是面向项目进行管理的。因此，不管是进行单点定位，还是进行静态基线处理、动态路线处理，或者是进行网平差，首先需要建立一个新的项目，或者打开一个已建立的项目。

建立一个新的项目有以下几步：

（1）建立新的项目，确定名称与保存路径；

（2）输入项目属性，确定质量检查标准；

（3）在坐标系统管理里输入参数。

完成上述三步之后，就可以进行下一步的工作了。

执行主程序，启动后处理软件：选择【文件】菜单的【新建项目】进入任务设置窗口，如图6-18所示。在【项目名称】中输入项目名称，同时可以选择项目存放的文件夹，【工作目录】中显示的是现有项目文件的路径，单击【确定】按钮完成新项目的创建工作。

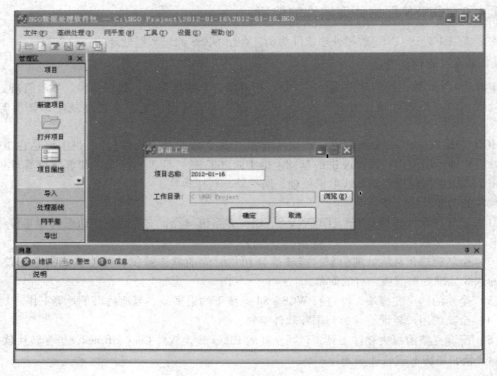

图 6-18 新建项目

选择【文件】菜单的【项目属性】，系统将弹出【项目属性】对话框，如图6-19所示，用户可以设置项目的细节，这里主要是对限差项进行设置。

选择【文件】菜单的【坐标系统设置】，或者通过导航条直接打开坐标系统。系统将弹出【坐标系统】对话框，如图6-20所示，这里主要是对地方参考椭球和投影方法及参数进行设置。

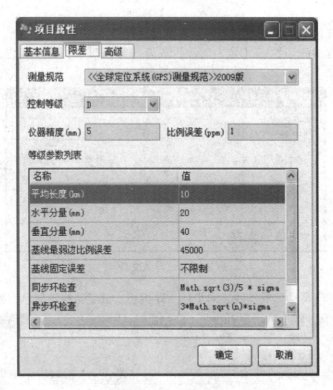

图 6-19　项目属性

图 6-20　坐标系统

2. 导入数据

任务建完后，开始加载观测数据文件。选择【文件】→【导入】命令，在弹出的对话框中选择需要加载的数据类型，执行【导入文件】或者【导入目录】命令，进入文件选择对话框，如图 6-21 所示。

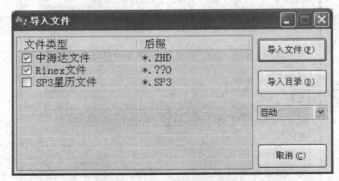

图 6-21　导入文件

导入数据后，软件自动形成基线、同步环、异步环、重复基线等信息，如图 6-22 所示。

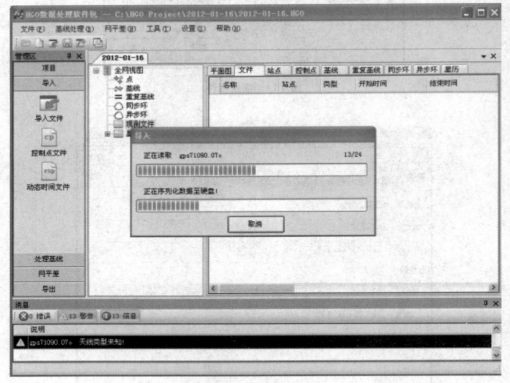

图 6-22　数据导入后操作

当数据加载完成后，系统会显示所有的文件，单击中间的树形目录的【观测文件】按钮，并将右边工作区选项卡切换为【文件】，即可查看详细的文件列表。双击某一行，即可弹出编辑界面，如图 6-23 所示，这里主要是为了确定天线高、接收机类型、天线类型。按照相同方法完成所有文件天线信息的录入或编辑。

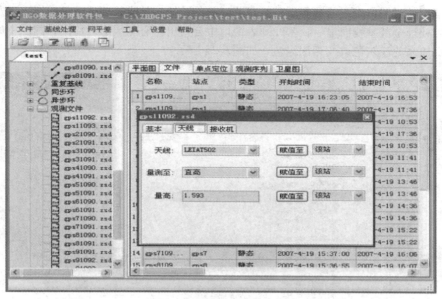

图 6-23　观测文件信息编辑

3. 基线解算

当数据加载完成后，系统会显示所有的 GNSS 基线向量，【平面图】会显示整个 GNSS 网的情况。下一步进行基线处理，单击【菜单基线处理】执行【处理全部基线】命令，系统将采用默认的基线处理设置，处理所有的基线向量。

处理过程中，显示整个基线处理过程的进度。从【基线】列表中，也可以看出每条基线的处理情况，如图 6-24 所示。

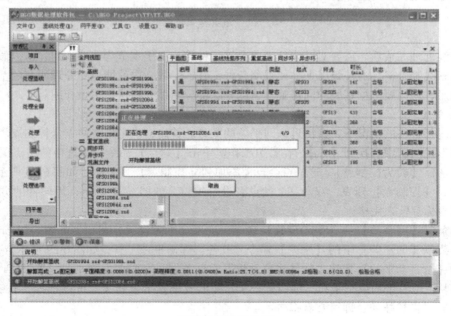

图 6-24　基线处理

基线解算的时间由基线的数目、基线观测时间的长短、基线处理设置的情况，以及计算机的速度决定。处理全部基线向量后，基线列表窗口中会列出所有基线解的情况，网图中原来未解算的基线也由原来的浅灰色改变为深绿色，如图 6-25 所示。

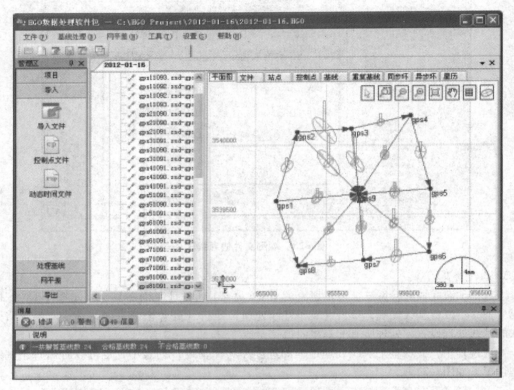

图 6-25 基线处理结果

在基线处理完成后，需要对基线处理成果进行检核。由于本节为快速入门，所以假定所有参与解算的基线都合格。通常情况下，如观测条件良好，一般一次就能成功处理所有的基线。基线解算合格后，还需要根据基线的同步观测情况剔除部分基线，在这里不做介绍。

4. 网平差

在基线都合格的情况下，直接进入网平差的准备。首先，确定哪些站点是控制点。

在树形视图区中切换到【点】，在右边工作区单击【站点】命令，对选中的站点鼠标单击右键菜单，选择【转为控制点】，这些点会自动添加到【控制点】列表中，如图 6-26 所示。

切换到【控制点】列表，双击某个站点名进行编辑，如图 6-27 所示，用同样的方法把所有的已知点坐标都输入完毕。

选择菜单【网平差】→【平差设置】命令，进入【平差设置】窗口，如图 6-28 所示。

执行菜单【网平差】下的【平差】命令，软件会弹出平差工具，如图 6-29 所示。

单击【全自动平差】按钮，软件将自动根据起算条件，完成自由网平差、WGS 84 下的约束平差，以及当地三维约束平差和二维约束平差，并形成平差结果列表。可以选择要查看的结果，单击【生成报告】按钮，即可查看报告。

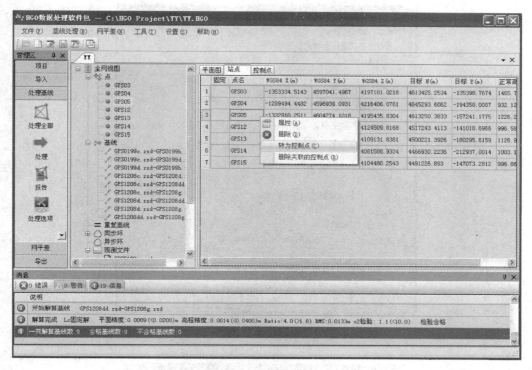

图 6-26　确定控制点

图 6-27　编辑站点名

图 6-28　平差设置

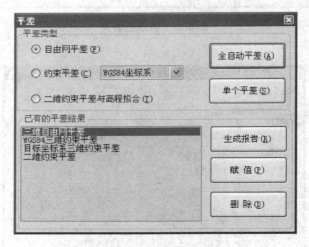

图 6-29　网平差

5. 导出成果报告

在【网平差】中，选中【平差报告设置】，可以对输出内容及格式进行指定和选择，如图 6-30 所示。

在【网平差】→【平差】工具中单击【生成报告】按钮，即可导出相应的平差报告。以生成 HTML 格式报告为例，平差结果中的全部内容输出成一个 HTML 报告形式，如图 6-31 所示。

至此，一个完整的基线解算成果，以及平差后的各站点坐标成果都已经获得，静态解算完成。

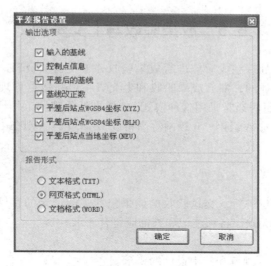

图 6-30　平差报告设置

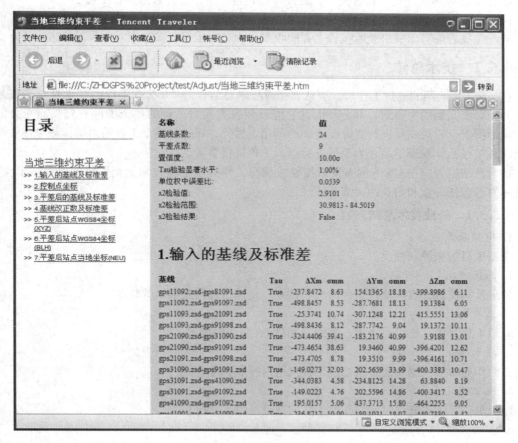

图 6-31　平差报告

6.5 成果验收与上交资料

外业观测及内业数据处理完成后应进行成果验收并上交有关资料。如果数据处理工作也是由外业观测单位自己来完成的，那么成果验收和上交资料可在数据处理工作结束后进行（进行低等级小范围的 GNSS 测量时通常采用这种模式）。如果外业观测工作结束后，数据处理工作将交由专门机构来进行（例如 A 级网、B 级网等高精度 GNSS 网），则在上交外业观测资料时也应对外业观测资料进行检查验收。

6.5.1 成果验收

成果验收应按有关规定进行。交送验收的成果包括观测记录的存储介质及其备份。记录的内容和数量应齐全，完整无缺。各项注记和整饰应符合要求。

成果验收的重点如下：

（1）实施方案是否符合规范和技术设计的要求。

（2）补测、重测和数据剔除是否合理。

（3）数据处理软件是否符合要求，处理项目是否齐全，起算数据是否正确。

（4）各项技术指标是否符合要求。

验收完成后应写出成果验收报告。在验收报告中，应根据有关规定对成果质量进行评定。

6.5.2 技术总结

在完成 GNSS 网的测量工作后，应认真完成技术总结。每项 GNSS 工程的技术总结不仅是工程一系列必要文档的主要组成部分，而且它能够使各方面对工程的各个细部有完整而充分的了解，从而便于今后对成果进行充分而全面的利用。另外，通过对整个工程的总结，测量作业单位还能够总结经验，发现不足，为今后进行新的工程提供参考。

技术总结报告应在 GNSS 网布设后按要求编写，作为成果验收和上交资料的重要技术文件。其具体内容包括外业和内业两大部分。

6.5.2.1 外业技术总结内容

1. 项目来源

介绍项目的来源、性质。

2. 测区概况

测区及其位置，自然地理条件与气候特点、交通、通信及供电等情况。

3. 工程概况

介绍工程目的、作用、要求、等级（精度）、完成时间等。

4. 技术要求

介绍作业时所依据的测量规范、工程规范、行业标准等。

5. 施工情况

施工单位、施测起讫时间、作业人员的数量及技术状况。

6. 施测方案

介绍测量所采用的仪器、采取的布网方法等。

7. 作业要求

介绍外业观测时的具体操作规程、技术要求包括仪器参数的设置（如采样率、截止高度角等）、对中精度、整平精度、天线高的量测方法及精度要求等。

8. 作业情况

介绍外业观测时实际遵循的操作规程、技术要求包括仪器参数的设置（如采样率、截止高度角等）、对中精度、整平精度、天线高的量测方法及精度要求等，作业观测情况、工作量、观测成果等。

9. 观测质量控制

介绍外业观测的质量要求，包括质量控制方法及各项限差要求等。

6.5.2.2　内业技术总结内容

（1）数据处理情况。数据处理方案、所采用的软件、所采用的星历、起算数据、坐标系统以及无约束、约束平差情况、误差检验及相关参数与平差结果的精度估计等。

（2）结论。对整个工程的质量及成果做出结论。

（3）其他说明。上交成果中还存在的问题和需要说明的其他问题、建议或改进意见。

（4）综合附表与附图。

6.5.3　上交资料

GNSS 工程项目应整理上交以下技术成果资料：

（1）测量任务书或测量合同、技术设计书。

（2）点之记、测站环视图、测量标志委托保管书、选点资料和埋石资料。

（3）接收设备、气象仪器及其他仪器的检验资料。

（4）外业观测记录、测量手簿及其他记录。

（5）数据处理中生成的文件、资料和成果表。

（6）GNSS 网展点图。

（7）技术总结和成果验收报告。

注意：若数据处理工作由专门机构来进行，则外业作业单位在上交观测数据时，除不含第（5）项外，第（7）项也仅含外业观测工作。

第 7 章

RTK 测量

★学习目标

1. 掌握 RTK 基准站与移动站的架设方法；
2. 掌握 RTK 的使用；
3. 掌握点测量、点放样的方法；
4. 掌握 TGO 数据处理软件的使用。

★本章概述

RTK（Real-Time Kinematic，实时动态）载波相位差分技术，是实时处理两个测量站载波相位观测量的差分方法，将基准站采集的载波相位发给用户接收机，进行求差解算坐标。这是一种新的常用的卫星定位测量方法，以前的静态、快速静态、动态测量都需要事后进行解算才能获得厘米级的精度；而 RTK 是能够在野外实时得到厘米级定位精度的测量方法，它采用了载波相位动态实时差分方法，是 GPS 应用的重大里程碑。它的出现为工程放样、地形测图、各种控制测量带来了新曙光，极大地提高了外业作业效率。

7.1　GPS RTK 概述

7.1.1　GPS RTK 技术

GPS RTK（Real – Time Kinematic）技术是建立在实时处理两个测站的载波相位基础上的。它能实时提供观测点的三维坐标，并达到厘米级（$\pm 1\ cm + 1\ ppm$）的高精度。常规的 GPS 测量方法，如 Static（静态）、FastStatic（快速静态）、Postprocessed Kinematic（动态）测量都需要事后进行解算才能获得毫米或厘米级的精度；而 RTK 是能够在野外实时得到厘米级定位精度的测量方法，它采用了载波相位动态实时差分方法，是 GPS 应用的重大里程碑。它的出现为工程放样、地形测图、各种控制测量带来了新曙光，极大地提高了外业作业效率。

高精度的 GPS 测量必须采用载波相位观测值，RTK 定位技术就是基于载波相位观测值的实时动态定位技术，它能够实时地提供测站点在指定坐标系中的三维定位结果，并达到厘米级精度。在 RTK 作业模式下，基准站通过数据链将其观测值和测站坐标信息一起传送给流动站。流动站不仅通过数据链接收来自基准站的数据，还要采集 GPS 观测数据，并在系统内组成差分观测值进行实时处理，同时给出厘米级定位结果，历时不足 1 s。流动站可处于静止状态，也可处于运动状态；可在固定点上先进行初始化后再进入动态作业，也可在动态条件下直接开机，并在动态环境下完成周模糊度的搜索求解。在整周未知数解固定后，即可进行每个历元的实时处理，只要能保持 5 颗以上卫星相位观测值的跟踪和必要的几何图形，流动站就可随时给出厘米级定位结果。

RTK 技术的关键在于数据处理技术和数据传输技术，RTK 定位时要求基准站接收机实时地把观测数据（伪距观测值、相位观测值）及已知数据传输给流动站接收机，数据量比较大，一般都要求 9 600 的波特率，这在无线电上不难实现。

7.1.2　GPS RTK 技术应用范围

7.1.2.1　各种控制测量

传统的大地测量、工程控制测量采用三角网、导线网方法来施测，不仅费工、费时，要求点间通视，而且精度分布不均匀，且在外业时不知精度如何；采用常规的 GPS 静态测量、快速静态、伪动态方法，在外业测设过程中也不能实时知道定位精度，如果测设完成后，回到内业处理后发现精度不合要求，还必须返测。而采用 RTK 来进行控制测量，能够实时知道定位精度，如果点位精度满足要求，用户就可以停止观测了，测一个控制点在几分钟甚至于几秒内就可完成，而且知道观测质量如何。如果把 RTK 用于公路、铁路、水利工程等各种控制测量，不仅可以大大减少人力强度、节省费用，而且能够大大提高工作效率。

7.1.2.2　地形测图

过去测地形图时，一般首先要在测区建立图根控制点，然后在图根控制点上架上全站仪或经纬仪配合小平板测图，现在发展到外业用全站仪和电子手簿配合地物编码，利用大比例尺测图软件来进行测图，甚至发展到最近的外业电子平板测图等，都要求在测站上测量四周的地形地貌等碎部点，这些碎部点都与测站通视，而且一般要求至少 2 人操作，需要在拼图时一旦精度不合要求还得到外业去返测。现在采用 RTK 时，仅需 1 人背着仪器在要测的地形地貌碎部点待上几秒，并同时输入特征编码，通过手簿可以实时知道点位精度，把一个区域测完后回到室内，由专业的软件接口就可以输出所要求的地形图，这样用 RTK 仅需 1 人操作，不要求点间通视，大大提高了工作效率。采用 RTK 配合电子手簿可以测设各种地形图，如普通地形图、铁路线路带状地形图、公路管线地形图等，配合测深仪可以用于测水库地形图、航海海洋测图等。

7.1.2.3　工程放样

工程放样是测量一个应用分支，它要求通过一定方法采用一定仪器把人为设计好的点位在实地给标定出来，过去采用常规的放样方法很多，如经纬仪交会放样、全站仪的边角放样等，一般要放样出一个设计点位时，往往需要来回移动目标，而且要 2～3 人操作。同时，在放样过程中要求点间通视情况良好，在生产应用上效率不是很高，有时放样中遇到困难的情况会借助很多方法才能放样。如果采用 RTK 技术放样时，仅需把设计好的点位坐标输入电子手簿，背着GPS 接收机，它会提醒工作人员走到要放样点的位置，既迅速又方便。由于 GPS 是通过坐标来直接放样的，而且精度很高很均匀，因而在外业放样中效率会大大提高。

7.1.3　GPS RTK 的组成

（1）硬件：应用 RTK 进行测量，至少要有两套 GPS 接收设备：一套用于基准站；另一套用于流动站。基准站和流动站均需要连接无线电，基准站还需连接电台。

基准站到流动站的测量范围大约为 10 km。初始化需要接收机接收 5 颗卫星的信息，流动站必须初始化到厘米级精度方可进行测量。

（2）软件：RTK 测量所用 TSC1 测量控制器安装 Trimble Survery Controller Software 软件，后处理有 Trimble Geomatics Office 软件。

7.1.4　作业测区的确定

将整个线路测区划分为若干个作业测区，以连续 3～4 对首级 GPS 控制点之间的线路段落作为一个作业测区，每个作业测区的长度不宜超过 20 km。测区划分如图 7-1 所示。

图 7-1　线路测区划分示意图

7.1.5　坐标系统转换参数的求解

转换参数可根据测区控制点的两套坐标求得，有两套坐标的已知平面点不得少于 3 个，高程点不得少于 4 个，并应包围作业测区且均匀分布（图 7-2）。为了保证测区间线路顺接，每一个测区中应运用三对及三对以上已知的 GPS 点进行求解转换参数。

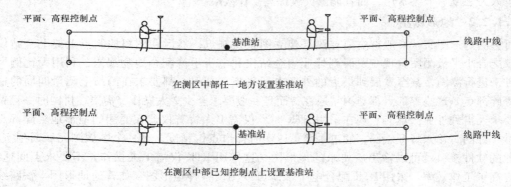

图 7-2　GPS RTK 求解转换参数时已知平面、高程控制点与线路测区位置分布示意图

用于求解转换参数的已知点的两套坐标如下：

一套坐标为 WGS-84 大地坐标（B, L, H）或 WGS-84 空间坐标（X, Y, Z）。例如，某 GPS 点的大地坐标（37°35′2″.31 895，111°08′54″.20 451，949.604 9 m），空间坐标（－1 826 103.393 0 m，4 720 583.124 3 m，3 869 533.557 6 m），此套坐标应为高等级 GPS 控制测量时自由网平差得到的三维坐标成果。注意事项：在一个测区求解转换参数时所用的已知点，其 WGS-84 坐标应为一个 GPS 控制网自由网平差所得的成果。

另一套坐标为中线测量时所用的坐标系坐标和高程，平面坐标有 1954 北京坐标系坐标、1980 西安坐标系坐标、地方独立坐标及工程所设计的任意带坐标系坐标等。高程系统有 1985 国家高程系统、1956 黄海高程系统等。注意各已知点的地方坐标系坐标、高程系统应当一致，如果不一致要进行转换后使用。

如果已知点没有 WGS-84 坐标，可在现场采集数据并计算转换参数。现场采集数据可用静态、快速静态或动态进行，在运用动态进行采集数据时，一个测区求解转换参数所用的已知点应在同一基准站设置情况下进行。平面坐标转换应用四参数法（X 平移 X_0、Y 平移 Y_0、旋转角 α、尺度比 K），高程转换应用拟合法，或应用七参数法（三个平移参数 X_0、Y_0、Z_0、三个旋转参数 $\varepsilon_x \varepsilon_y \varepsilon_z$、尺度参数 m）求解。转换参数的求解可根据不同 GPS 接收机随机软件在计算机上或接收机电子手簿上进行。注意事项：在运用国家坐标系统时旋转角 α 的值接近 0，一般在 1 s 以下或者几秒，如果旋转角 α 比较大时，应分析查找原因。尺度比 K 的值接近 1，其变化应为 10^{-4}。如果尺度比 K 变化比较大时，应分析查找原因。

例如，在某客运专线定测中用 Trmible GPS TGO 及 TSC 中求解的参数：

水平平差参数

旋转中心的纵坐标	4 406 217.660 m
旋转中心的横坐标	481 715.575 m
在中心点附近旋转	0°00′00″
北平移量	−0.756 m
东平移量	−1.435 m
比例因子	0.999 999 82

垂直平差参数

原点的北坐标	4 402 703.791 m
原点的东坐标	485 313.637 m
原点的垂直差距	13.423 m
北斜坡	6.020 ppm
东斜坡	−19.943 ppm

每个作业测区分别进行求解，满足限差要求后方可使用。转换参数残差限差：平面坐标应小于 ±20 mm，高程应小于 ±25 mm。对于残差超限的情况，要仔细核对已知数据，查找分析原因。

7.2　TSC1 简介

TSC1（Trimble Survery Controller）测量控制器是 Trimble 公司开发研制的测量电子手簿，安装有 Trimble Survery Controller Software（Trimble 测量控制器软件），具有非常强的通用性，能够方便地连接 Trimble 公司的各种型号 GPS 卫星数据接收器和电子光学仪器，并具有强大的计算、绘图功能，测量、绘图、放样等操作简单直观，可以在常规测量和 RTK 测量之间随时切换，方便与计算机联机处理。

TSC1 测量控制器的外观如图 7-3 所示。

TSC1 测量控制器面板上面有数字键、字母键、功能键等按键，启动开/关键后，控制器通过自检后显示菜单，如图 7-4 所示。

在 RTK 测量时，首先要建立一个新的任务，在这个任务里键入参数、配置仪器，同时在野外测区内选定一个基准站，并准备好电池、小钢尺、罗盘等附属部件即可开始 RTK 测量。

在基准站和流动站状态良好的情况下，流动站 TSC1 测量控制器屏幕上显示更多的信息，如图 7-5 所示。

在这种状况下，可以启动【测量】菜单，开始 RTK 测量，进行测量点、放样点、放样道路等工作。

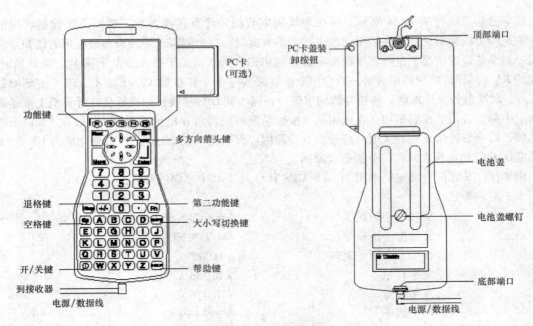

图 7-3　TSC1 测量控制器正、反面视图

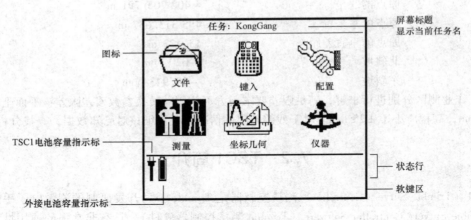

图 7-4　TSC1 测量控制器主菜单

TSC1 测量控制器的主要技术指标如下：

尺寸：266 mm×116 mm×42 mm，75 mm 把手

质量：800 g，包括可充电的锂电池

电源：内置可充电锂电池

外接：10~20 V DC 电池，通过串行接口

电源功耗：小于 1 W

内存：2 MB 数据存储，用户可以用工业标准的 II 型 PCMCIA 卡扩展内存

通信：2 个 RS–232 串口，速率可达 38 400 baud

键盘：54 个字母数字、功能和软功能键

温度：操作：–30 ℃ ~ +65 ℃

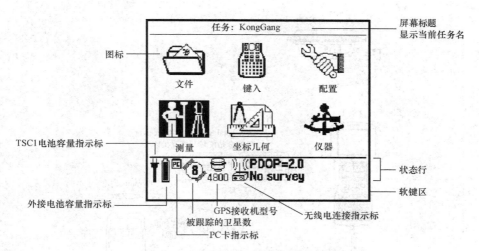

图 7-5　TSC1 测量控制器在 RTK 流动站的屏幕显示

存储：﹣30 ℃ ~ +80 ℃

湿度：100% 全封闭，可漂浮

防水性能：防偶然淹没

防雨和防尘标准 Mil Spec 810E

抗冲击：PCC B 类和 CE Mark 认可

语言：英语，中文（简体）

TSC1 测量控制器的升级产品 TSCE 已经问世，将逐步取代 TSC1 成为测量控制器的主导产品。

7.3　BASE（基准站）

在开始 RTK 测量作业前，测区应该完成首级平面和高程控制测量。

RTK 测量至少必须有一个基准站，基准站应选定在通天条件良好、无干扰、交通便利、点位稳固易于保护的地方。考虑到基准站的覆盖范围，基准站应该位于测区中央或设定两个以上基准站。

7.3.1　BASE 硬件

RTK 基准站需要的硬件设备包括 GPS 天线、GPS 卫星数据接收器（4800 天线和数据接收器集成在一起）、TSC1 测量控制器、无线电台（4700 接收机用 TRIMTALK Ⅱ 电台，4800 接收机用 Pacific Crest）、电池、三脚架、小钢尺等。

基准站的硬件设备连接如图 7-6 所示。

7.3.2　TSC1 设置基准站

（1）选定基准站，安置仪器，正确连接硬件设备。

（2）TSC1 设置 BASE（基准站）的操作步骤是：

①启动既有任务或建立新任务。

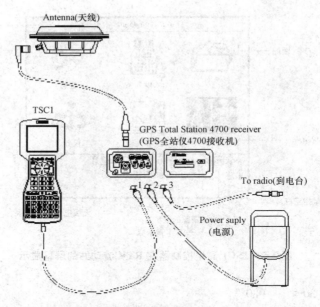

图 7-6　基准站的硬件设备连接示意图（**Trimble 4700**）

在屏幕选择【文件】→【任务管理】→按 F1 键【新建】→输入新建任务名称，按 Enter 键，再按 Enter 键，【键入参数】→【投影】，按 Enter 键：

类型：横轴莫卡托投影（即高斯投影）

假北：0.000 m（北偏移）

假东：500 000 m（东偏移，也可在 500 km 前加带号）

纬度原点：0°00′00.000 0 N（坐标起始纬度）

中央子午线：117°00′00.000 0 E（中央子午线经度，根据当地的实际输入）

比例因子：1.000

半长轴：6 378 245.000 m（1954 北京坐标系椭球的长半轴）

扁率：298.3（1954 北京坐标系椭球的扁率）

注：以上投影参数是针对 1954 北京坐标系统。若是当地任意坐标系，可输入无投影，利用动态点校正或静态后处理的方法求出参数。

按 Enter 键→【基准转换】→按 Enter 键：

类型：三参数（有无转换、三参数、七参数和基准网格四种类型，根据已有的资料、参数选择类型，一般选三参数或七参数）

半长轴：6 378 245.000 m（1954 北京坐标系椭球的长半轴）

扁率：298.3（1954 北京坐标系椭球的扁率）

X 轴平移量：0.000 m

Y 轴平移量：0.000 m

Z 轴平移量：0.000 m

以上为三参数，如选择七参数则如下显示：

类型：七参数

半长轴：6 378 245.000 m（1954 北京坐标系椭球的长半轴）

扁率：298.3（1954 北京坐标系椭球的扁率）

X 轴旋转量：0°00′00.000 0″

Y 轴旋转量：0°00′00.000 0″

Z 轴旋转量：0°00′00.000 0″

X 轴平移量：0.000 m

Y 轴平移量：0.000 m

Z 轴平移量：0.000 m

比例因子：0.000 000 00 ppm

按 Enter 键→【水平平差】→按 Enter 键：选择→类型：无平差

按 Enter 键→【垂直平差】→按 Enter 键：选择→类型：无平差

按 Enter 键，按 F1 键【确认】，新项目建立完毕，如为既有项目则：【文件】→【任务管理】→【选择任务】→【任务名称】→按 Enter 键就可打开要用的任务。

②启动基准站，进行 RTK 测量。

进入主菜单下的【测量】菜单，如图 7-7 所示。

图 7-7　选择测量形式示意图

选择 Trimble RTK 测量形式，按 F5 键【编辑】，选择【基准站选项】，内容如下：

测量类型：RTK

广播格式：CMR Plus

输出另外的 RTCM 代码：否

测站索引：2（0~29 的整数）

高度角限制：13°00′00″（可按规范变动）

天线高度：1.654 m（为实际测量值）

类型：Micro – centered L1/L2（此为 4700 接收机，4800 接收机基准站天线类型为 4800 Internal）

测量到：Bottom of corner（此为 4700 接收机，4800 接收机基准站天线测量到 Hook using 4800 tape）

部件号码：（仪器自动检测）

序列号：（仪器自动检测）

按 Enter 键，选择下一选项【基准站无线电】，内容如下：

类型：TRIMMARK（此为 4700 接收机，4800 接收机基准站无线电类型为"自定的无线电设备"）

接收机端口：端口 3

波特率：38 400

奇偶校验：无

使用 CTS：否

按 Enter 键→按 F1 键【确认】→退到【选择测量形式】→选中【Trimble RTK】→按 Enter 键→【启动基准站接收机】→按 Enter 键，内容如下：

点名：（键入基准站点名称）

代码：（可不输入）

天线高度：（检查输入的基站天线高，注意所用仪器类别和量高方式）

键入基准站点名称时如果提示点名称不存在，则需输入点坐标，按 Enter 键→【方法】→【键入坐标】，此时按 F5 键【选项】，选对应坐标显示方法，如基站架设在已知点，选【网格】，如没有架在已知点上，选【WGS-84】，按 Enter 键。架在已知点上输入已知点坐标，没架在已知点上的按 F3 键【此处】表示让 GPS 自己测量定位，按 Enter 键，按 F1 键【开始】后，显示"切断控制器与接收机的连接"，按 F1 键【确定】（此时，可断开控制器与接收机的连接线，断开接收机和 TSC1 测量控制器的连接）。调整好无线电台的发射频率和发射天线高度，基准站工作即告完成。此时，只需一人留守在基准站，监视基准站的运行情况，流动站人员可以开始测量作业。

7.4　ROVER（流动站）

7.4.1　ROVER 硬件

GPS 天线、GPS 卫星数据接收器、TSC1 测量控制器、电池、对中杆、背包等，如图 7-8 所示。

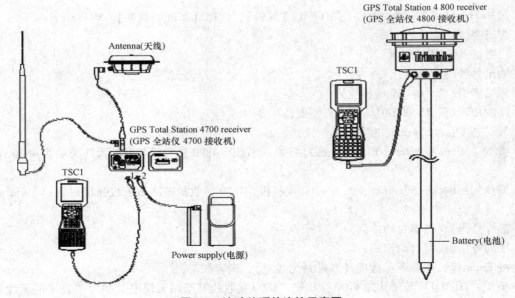

图 7-8　流动站硬件连接示意图

7.4.2　TSC1 设置流动站

（1）正确连接流动站硬件设备。

（2）TSC1 设置 ROVER（流动站）的操作步骤如下：

①启动既有任务或建立新任务。

同基准站的设置一样（如果和基准站利用的是同一 TSC1 测量控制器，则可直接进入下一步操作）

②启动流动站，进行 RTK 测量。

进入主菜单下的【测量】菜单，如图 7-9 所示。

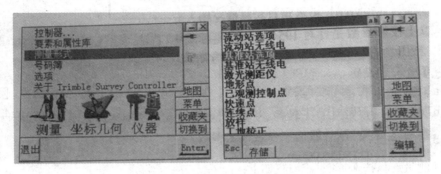

图 7-9　测量形式选择示意图

选择【Trimble RTK】测量形式，按 F5 键【编辑】，选择【流动站选项】，内容如下：

测量类型：RTK

广播格式：CMR plus

WAAS：关

INS 位置：只有 RTK

使用测站索引：任何

进行测站索引：否

高度角限制：13°00′00″

PDOP 限制：6.0

天线高度：1.926 m

类型：Micro – centered L1/L2（对 4800 用 4800 Internal）

测量到：Bottom of corner（对 4800 用 Hook using 4800 tape）

部件号码：33429～0

序列号：（仪器自动检测）

按 Enter 键→【流动站无线电】→按 Enter 键，内容如下：

类型：Trimble Internal

波特率：38 400

奇偶校验：无

此时，可按 F1 键【连接】，连接到内置电台查看和设置电台频率与基准站的一致性，连接成功，在屏幕上显示无线电连接图标，如图 7-10 所示。

无线电连接指示标

图 7-10　流动站无线电连接成功示意图

按 Enter 键确认。按 F1 键【确定】，回到【Trimble RTK】，按 Enter 键→选择【开始测量】后，直到 RTK = 固定，初始化完成，即可得到厘米级精度的解，可以进行 RTK 测量工作。

7.4.3　流动站点校正

进入【测量点】按 Enter 键，内容如下：

点名称：（键入点的名称）

代码：（可不输入）

类型：观测控制点（有地形点、观测控制点和快速点三种类型，点校正选择观测控制点，对中杆要使用支架严格对中整平，一般观测时间不短于 3 min）

天线高：1.926 m（根据实际情况现场测量后输入，注意对应的仪器和量高方式）

按 F1 键【开始测量】，开始倒计时测量，如 F1 键上方出现【贮存】，说明点已测出并可贮存在测量控制器中，按 F1 键【贮存】即可。

对测区首级平面和高程控制点进行 RTK 测量得到的是 WGS-84 坐标，这些控制点的 1954 北京坐标系坐标或地方坐标系坐标需要输入测量控制器，可以从计算机传输，也可以手工键入。手工键入的方法是在屏幕选择【键入】→按 Enter 键→【点】→按 Enter 键，内容如下：

点名称：（键入控制点的名称）

代码：（可不输入）

方法：键入坐标

北：（输入北坐标）

东：（输入东坐标）

高程：（输入高程）

控制点：是

注意：对同一控制点，现场 RTK 测量的点名称和相对应已知坐标的点名称不能重名，可以采取加后缀或前缀的方法区别开来。

测完已知的控制点并键入已知坐标，这些点有两个坐标系的测量成果，需要通过点校正求解转换参数，进入【测量】→【Trimble RTK】→【测量】→【点校正】→按 Enter 键，F1 键【增加】，内容如下：

网格点名称：（选择 1954 北京坐标系或相应的地方坐标系成果的点名称）

GPS 点名称：（选择现场 RTK 实际测量得到的 WGS-84 坐标系成果的点名称）

使用：只有水平（只完成平面 X、Y 校正，如果有高程则选择"水平和垂直"）

可以选择多个控制点（基准站在已知点，最少要有一个校正点；基准站在未知点，最少要有两个校正点；实际的做法是在测区周围测量 3 个以上控制点用于点校正。高程则必须测量 4 个以上高程控制点）进行点校正，如图 7-11、图 7-12 所示。

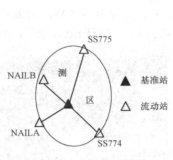

图 7-11　测区示意图

图 7-12　点校正结果

如果水平残差和垂直残差符合规范要求，则 F4 键【应用】即完成点校正，WGS-84 坐标系到 1954 北京坐标系或相应的地方坐标系的转换参数自动计算完成，后继测量所得为 WGS-84 坐标系和当地坐标系两套坐标成果。

7.5　GPS RTK 测量

7.5.1　测量点

【测量】→【Trimble RTK】→【测量点】→按 Enter 键，内容如下：

点名称：（键入点的名称）

代码：（输入测点的代码，用于内业的编辑整理）

类型：地形点（有地形点、观测控制点和快速点三种类型）

天线高：1.926 m（根据实际情况现场测量后输入，注意对应的仪器和量高方式）

按 F5 键【选项】可以设置：测量时间、自动贮存开/关、坐标显示模式等。当 RTK = 固定时，对中待测点位，对中杆上气泡居中后，按 F1 键【开始测量】，开始倒计时测量，如 F1 键上方出现【贮存】，说明点已测出并可贮存在测量控制器中，按 F1 键【贮存】即可。如在【选项】中设定为"自动贮存"，则测完后自动记录在控制器内。

测量点可以用来测量图根点，测绘地形图，测量并计算测区界线、面积和土方数量等，测量结果可以传输到计算机，其格式如下：

点名称，北坐标，东坐标，高程，代码，其他信息…

7.5.2　放样点

【测量】→【Trimble RTK】→【放样】→【点】→按 Enter 键后出现放样点列表。

按 F1 键【增加】可以增加要放样的点，按 F2 键【删除】从放样点列表去掉不放样的点，按 F3 键【Del all】从放样点列表中去掉所有点，按 F4 键【最近点】开始放样距离仪器最近的点，按 F5 键【选项】可以选择不同的屏幕显示方式、自动贮存开/关等。

选择要放样的点后，按 Enter 键开始放样，如图 7-13 所示，要放样的点为 OISX。可按 F2 键【精确】转为精确放样模式，按 F1 键【测量】可以对放样后的点进行测量，以检查放样点的精度。

7.5.3 放样道路

【测量】→【Trimble RTK】→【放样】→【道路】→按 Enter 键后出现放样道路列表，选择要放样的道路，可以按照道路里程或道路任意位置放样，放样具体里程点的方法同放样点一致，在放样过程中可以启动【文件】→【当前任务的地图】来查看道路放样情况，如图 7-14 所示。

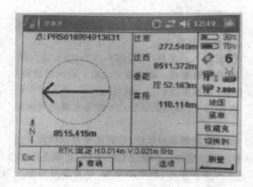

图 7-13　放样点 OISX

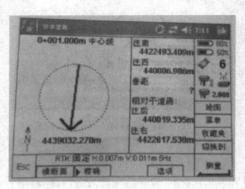

图 7-14　放样道路

7.5.4 结束测量

终止当前测量任务，并关掉接收机。

7.6　GPS RTK 线路定线测量

7.6.1 线路设计

7.6.1.1 TSC1 线路设计

【键入】→【道路】→【名称：（输入道路名称，如 DK0 – DK5）】→【水平定线】→按 F1 键【新建】→【水平元素】

元素：起始点

起始桩号：0 + 000. 000 m

方法：键入坐标—起始北：输入起始点北坐标

起始东：输入起始点东坐标

选择点：输入点名称

→F1 列表选择

桩号间隔：（输入间隔，如 50 m）

按 Enter 键

F1 键【新建】

【水平元素】

元素：直线

起始桩号：0 + 000.000 m

方位角：输入方位角

长度（网格）输入直线长

结束北：（自动计算直线终点坐标，可进行检核）

结束东：

按 Enter 键

F1 键【新建】

【水平元素】

元素：曲线（圆曲线）

起始桩号：ZY 点里程

起始方位角：（入切线方位角）

方法：【曲线长度和半径】	【偏角和半径】	【偏角和长度】
曲线方向：选择左或右	选择左或右	选择左或右
角度：　　　—	输入偏角	输入偏角
半径（网格）：输入曲线半径	输入曲线半径	—
长度（网格）：输入曲线长	—	输入曲线长

结束北：（自动计算直线终点坐标，可进行检核）

结束东：

按 Enter 键

F1 键【新建】

【水平元素】

元素：入螺旋线（入缓和曲线）

起始桩号：ZH 点里程

起始方位角：（入切线方位角）

曲线方向：选择左或右

半径（网格）：输入圆曲线半径

长度（网格）：输入缓和曲线长

结束北：（自动计算直线终点坐标，可进行检核）

结束东：

按 Enter 键

F1 键【新建】

【水平元素】

元素：曲线（圆曲线）

起始桩号：HY 点里程

起始方位角：（圆曲线入切线方位角）

方法：　　【曲线长度和半径】	【偏角和半径】	【偏角和长度】
曲线方向：（左或右）	（左或右）	（左或右）
角度：　　　—	输入偏角	输入偏角
半径（网格）：圆曲线半径	圆曲线半径	—

长度（网格）：输入圆曲线长 ——— 输入圆曲线长

结束北：（自动计算直线终点坐标，可进行检核）

结束东：

按 Enter 键

F1 键【新建】

【水平元素】

元素：出螺旋线（出缓和曲线）

起始桩号：YH 点里程

起始方位角：（圆曲线入切线方位角）

曲线方向：（左或右）

半径（网格）：（圆曲线半径）

长度（网格）：输入缓和曲线长

结束北：（自动计算直线终点坐标，可进行检核）

结束东：

按 Enter 键

（完成水平定线输入后）按 F4 键【接受】→【贮存】

7.6.1.2 TGO RoadLink 线路设计

启动 TGO 后，选择 RoadLink 模板，新建工程项目，如图 7-15 所示。

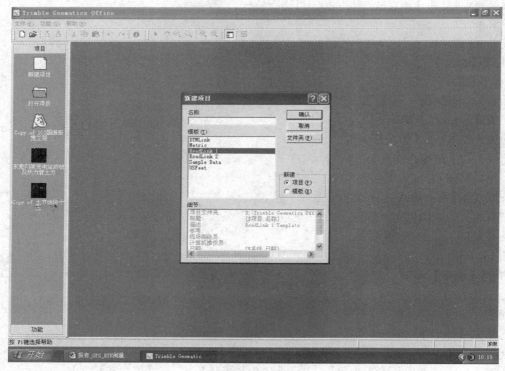

图 7-15 新建项目

进入 RoadLink 设计模块，在菜单【文件】中选择【新建道路】，输入道路名称及起始桩号里程，单击确认（图 7-16）。

项目属性选择默认，确定。在菜单【工具】中选择【RoadLink】→【开始】，如图 7-17 所示。

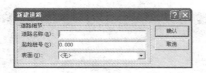

图 7-16　新建道路

图 7-17　选择【RoadLink】→【开始】

在菜单【道路】→【水平】中，选择 PI 标签，输入 PI 点（起终点、交点）坐标，使用【编辑 PIS】可查看、校核和编辑各点坐标（图 7-18）。

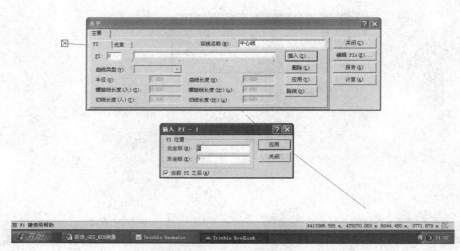

图 7-18　查看、校核和编辑各点坐标

选择 PI 点，选择曲线类型，输入曲线要素。在【计算】中，可计算中线任意里程（或偏移中线位置）的坐标，以及给定坐标，计算出中线里程及偏移量。在【报告】中，可生成线路水平定线详细资料，便于检核（图 7-19）。

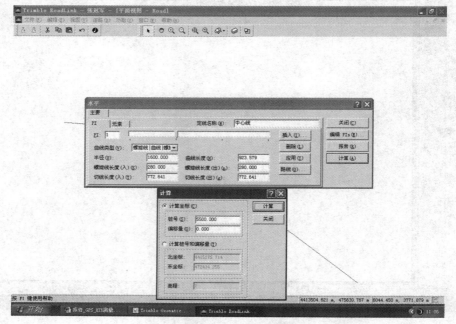

图 7-19　线路水平定线详细资料

确认输入线路定线资料无误后，【应用】→【关闭】，显示线路中线图（图7-20）。

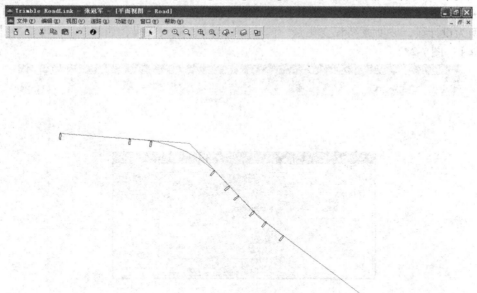

图 7-20 线路中线图

道路导出到测量设备：在菜单【文件】中选择【导出】，选择道路定义到 Trimble Survery Controller 文件，选择【配置】中适合的版本，【确认】即可形成 .dc 文件（图7-21）。

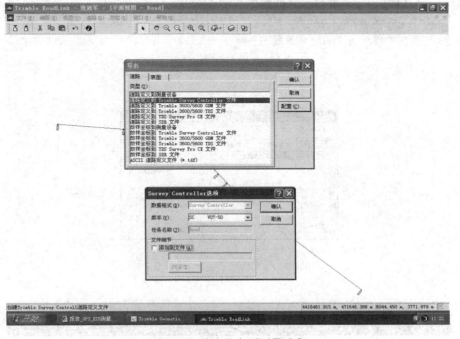

图 7-21 道路导出到测量设备

放样报告的生成：首先，建立生成中线放样报告的模板，选择【功能】→【模板编辑器】，【库】→【新建】，输入库名称，【模板】→【新建】，输入模板名称，【路基】→【新建】，其中元素类型为设计线，坡度或高程变化量、偏移量设为 0，输入代码，如"ZX"，再单击【应用】→【确认】（图 7-22）。

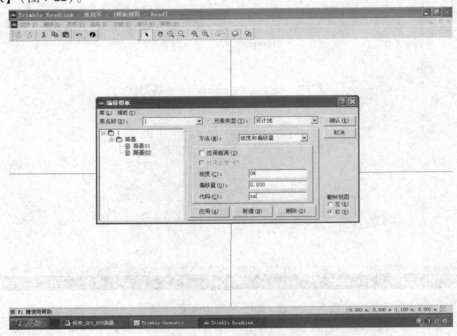

图 7-22　生成放样报告

【道路】→【模板】，选择所建立的模板（图 7-23）。

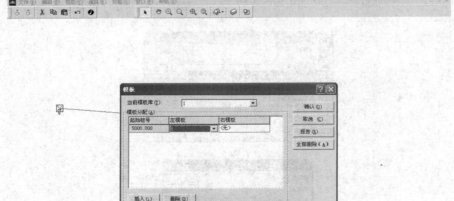

图 7-23　选择模板

确认后，选择【道路】→【放样】，选中代码，确认生成逐桩坐标放样报告（图 7-24）。

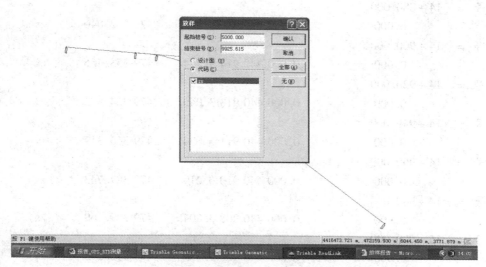

图 7-24　确认生成逐桩坐标放样报告

逐桩桩号间隔的设置：菜单【道路】→【选项】，输入间隔数，【确认】（图 7-25）。

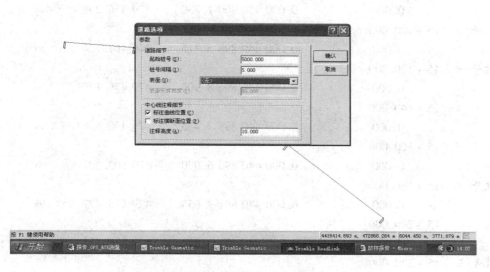

图 7-25　设置逐桩桩号间隔

偏移量	高程	北	东	代码
桩号 =	14 + 859.760			
	0.000	0.000 440 918 2.491	479 330.477	zx
桩号 =	14 + 860.000			
	0.000	0.000 440 918 2.294	479 330.614	zx
桩号 =	14 + 880.000			
	0.000	0.000 440 916 5.879	479 342.040	zx
桩号 =	14 + 900.000			
	0.000	0.000 440 914 9.464	479 353.466	zx
桩号 =	14 + 920.000			
	0.000	0.000 440 913 3.049	479 364.892	zx
桩号 =	14 + 940.000			
	0.000	0.000 440 911 6.634	479 376.317	zx
桩号 =	14 + 960.000			
	0.000	0.000 440 910 0.219	479 387.743	zx
桩号 =	14 + 980.000			
	0.000	0.000 440 908 3.804	479 399.169	zx
桩号 =	15 + 000.000			
	0.000	0.000 440 906 7.389	479 410.595	zx
桩号 =	15 + 020.000			
	0.000	0.000 440 905 0.974	479 422.021	zx
桩号 =	15 + 040.000			
	0.000	0.000 440 903 4.559	479 433.446	zx
桩号 =	15 + 060.000			
	0.000	0.000 440 901 8.144	479 444.872	zx
桩号 =	15 + 080.000			
	0.000	0.000 440 900 1.730	479 456.298	zx
桩号 =	15 + 100.000			
	0.000	0.000 440 898 5.315	479 467.724	zx
桩号 =	15 + 120.000			
	0.000	0.000 440 896 8.900	479 479.150	zx
桩号 =	15 + 140.000			
	0.000	0.000 440 895 2.485	479 490.576	zx
桩号 =	15 + 160.000			
	0.000	0.000 440 893 6.070	479 502.001	zx
桩号 =	15 + 180.000			
	0.000	0.000 440 891 9.655	479 513.427	zx
桩号 =	15 + 200.000			
	0.000	0.000 440 890 3.240	479 524.853	zx
桩号 =	15 + 220.000			
	0.000	0.000 440 888 6.825	479 536.279	zx

偏移量	高程	北	东	代码
桩号 =	15 + 240.000			
	0.000	0.000 440 887 0.410	479 547.705	zx
桩号 =	15 + 260.000			
	0.000	0.000 440 885 3.995	479 559.130	zx
桩号 =	15 + 280.000			
	0.000	0.000 440 883 7.580	479 570.556	zx
桩号 =	15 + 300.000			
	0.000	0.000 440 882 1.165	479 581.982	zx

7.6.2　利用 TSC1 进行中线测量

TSC1 项目文件的复制：【文件】→【任务管理或文件管理】→按 F2 键【复制（选择要复制的任务）】→按 F1 键【（输入新任务名称）确认】

项目文件中转换参数的复制：【文件】→【在任务之间复制数据】→（选择任务）→（选择复制 – 校正）→按 F1 键【确认】

项目文件中各种数据之间的复制：【文件】→【在任务之间复制数据】→（选择任务）→（选择复制 – 点、道路）→按 F1 键【确认】

放样配置：【配置】→【测量形式】→【Trimble RTK】→【放样】

放样点细节如下：

贮存前先检查变化量　　　　　　　是/否

水平限差　　　　　　　　　　　（输入限差）

放样点名称　　　　　　　　　　自动点名称/设计名称

放样点代码　　　　　　　　　　设计名称/设计代码

显示

显示模式　　　　　　　　　　　目标为中心/测量员为中心

显示因子　　　　　　　　　　　（输入显示比例）

显示网格变化量　　　　　　　　是/否

显示到 DTM 的挖/填　　　　　　是/否

7.6.2.1　交点、中线控制桩测量

TSC1 外业操作如下：

【测量】→【Trimble RTK】→【放样】→【道路】→按 Enter 键后出现放样道路列表，选择要放样的道路，可以按照道路里程或道路任意位置放样中线控制点，放样具体里程点的方法同放样点一致，交点根据设计坐标进行放样。在 GPS 测量中，显示的起始总是假定向前移动，在向前移动中，将测量控制器拿在身体前方向，按箭头指示的方向移动，箭头表示的是点的方向，当进入距点 3 m 的范围内后，箭头消失，出现圆圈目标，在非常靠近该点时，按精确软键，移动使十字（当前位置）与圆圈目标（放样点）重合，在手扶对中杆移动到点位附近 2 cm 左右时，钉方木桩后，用支撑架对中、整平天线后移动对中杆，直到显示跳动的放样差在 1 cm 以内时测量点，测量时间宜为 10~30 s。测量完成后贮存数据前显示放样差，如小于 1 cm 时，贮存测量结果；大于 1 cm 时，移动对中杆，重新测量，直到符合要求为止。

测量形式的选择：在 F5 键【选项】中，可选择【观测控制点】，并可设定观测时间、放样

限差等。

7.6.2.2 加中桩测量

进行中线、中平测量时，按中线测量加桩要求进行中线测设，TSC1 中显示实时里程和偏移中线的距离，根据地形变化进行加中桩，或根据设计加百米标，手扶对中杆进行移动。当到点位附近 5 cm 左右时，对中桩进行平面位置和高程的测量，测量时间宜为 5～10 s。测量完成后贮存数据前显示放样差，如小于 5 cm 时，贮存测量结果；大于 5 cm 时，移动对中杆，重新测量，直到符合要求为止。测量完成后，在测量位置钉设板桩。

测量形式的的选择：在 F5 键【选项】中可选择【地形点】，并可设定观测时间、放样限差等。

7.6.3 数据处理

7.6.3.1 TGO（Trimble Geomatics Office）简介

TGO 软件可以使多种测量技术获得的数据一体化，包括 GPS（RTK 和后处理）、常规/光学仪器（包括伺服系统和遥控设备）、水准仪和激光仪。广泛的质量控制工具可以快速并且高效地完成从野外到办公室，再从办公室回到野外的无缝数据传输任务。

其主要功能如下：

GPS 基线的处理、GPS 测量网平差、GPS 和常规的地形测量数据处理、数据的质量保证和质量控制（QA/QC）、道路设计数据导入和导出、测量数据导入和导出、数字地面模型和等高线、数据转化和投影、GIS 数据获取和导出、要素代码、项目报告、测量项目管理。

7.6.3.2 数据导入、导出

在 RTK 进行线路定测中，导入 TSC 测量的外业文件 . dc。【文件】→【导入】，选择测量标签中的 Trimble Survery Controller 文件（图 7-26）。

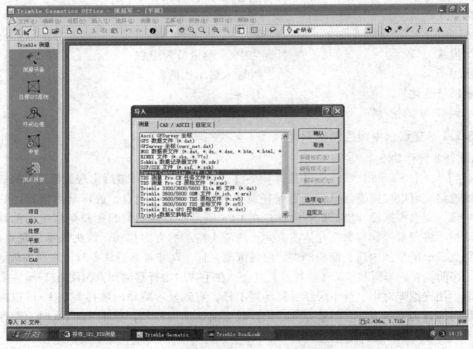

图 7-26 导入外业文件

导入外业文件后，显示所测量的数据（图 7-27）。

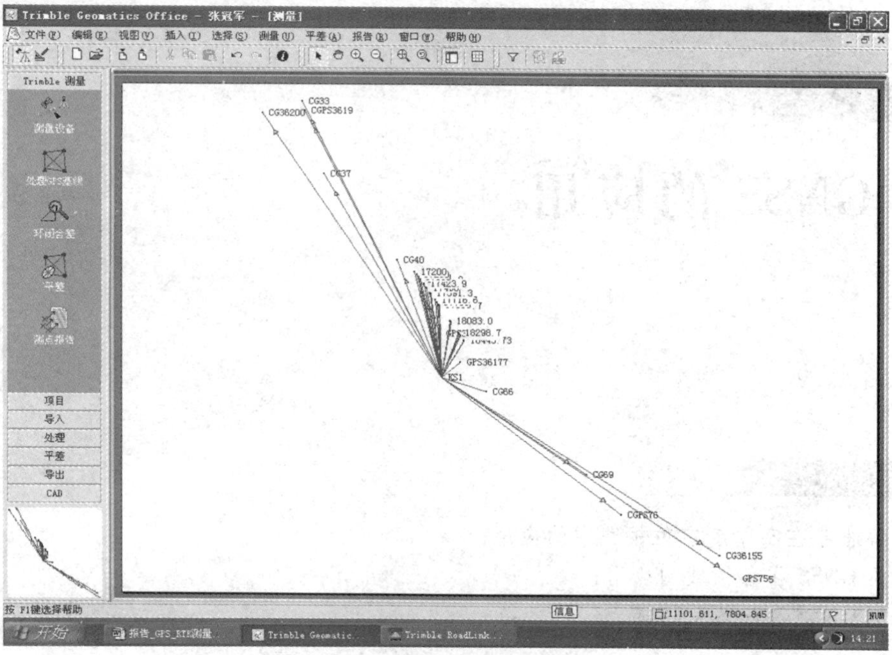

图 7-27　导入所测量的数据

检查外业测量数据，设计输出资料格式。【导出】→【自定义标签】→【新建格式】，输入名称等，在【导出从】中选择【放样道路点细节】，在格式标题、格式体、格式注脚各栏中单击鼠标右键，从提供的域代码列表中选择需要的输出格式。另外，在测量/CAD/ASCII/GIS/自定义中，可输出其他格式或形式的文件（图 7-28）。

图 7-28　输出文件

第 8 章

GNSS 的应用

★ 学习目标

1. 了解北斗在高精度定位领域中的应用；
2. 了解 GNSS 在各领域的应用；
3. 了解 GNSS 发展的新技术。

★ 本章概述

　　随着 GNSS 技术的进步与发展，GNSS 的应用范围越来越广泛，全球卫星定位系统为人们的生活提供了全新的技术和体验。在测绘领域，GNSS 技术在控制测量、地形测量、施工测量、施工放样、竣工测量、变形监测、精密测量、海洋测绘、航空摄影测量中都得到了广泛的应用；在城市管理方面，GNSS 技术在城市规划、城市管线布设、城市土地评估、城市运营中都发挥了极大作用；在人们的生活中，GNSS 技术广泛应用于智能交通、气象预报、农业、渔业、林业、防灾减灾、旅游、勘察、公安、导航等各方面。本章主要结合 GNSS 静态测量技术和 GNSS – RTK 技术，以及北斗技术的发展，介绍 GNSS 技术在各个领域的应用。学生通过相关内容的学习，可以更深入地了解 GNSS 技术。

8.1　GNSS 在大地控制测量中的应用

8.1.1　概述

　　GNSS 定位技术以其精度高、速度快、费用省、操作简便等优良特性被广泛应用于大地控制测量中。时至今日，可以说 GPS 定位技术已完全取代了用常规测角、测距手段建立大地控制网。一般将应用 GPS 卫星定位技术的控制网叫作 GPS 网。归纳起来，大致可以将 GPS 网分为两大类：一类是全球或全国性的高精度 GPS 网，这类 GPS 网中相邻点的距离在数千千米至上万千米，其任务是作为全球高精度坐标框架或全国高精度坐标框架，为全球性地球动力学和空间科学方面的科学研究工作服务，或用以研究地区性的板块运动或地壳形变规律等问题；另一类是区域性的 GPS 网，包括城市或矿区 GPS 网，这类网中的相邻点之间的距离为几千米至几十千米，其主要任务是直接为国民经济建设服务。

8.1.2　全球或全国性的高精度 GPS 网

大地测量的科研任务是研究地球的形状及其随时间的变化，因此建立全球覆盖的坐标系统之一的高精度大地控制网是大地测量工作者多年来一直梦寐以求的。直到空间技术和射电天文技术高度发达，跨洲的全球大地网才得以建立，但由于 VLBI、SLR 技术的设备昂贵且非常笨重，因此在全球也只有少数高精度大地点，直到 GPS 技术逐步完善的今天才使全球覆盖的高精度 GPS 网得以实现，从而建立起高精度的（在 1 ~ 2 cm）全球统一的动态坐标框架，为大地测量的科学研究及相关地学研究打下了坚实的基础。

1991 年，国际大地测量协会（LAG）决定在全球范围内建立一个 IGS（国际 GPS 地球动力学服务）观测网，并于 1992 年 6 至 9 月实施了第一期会战联测，我国借此机会由多家单位合作，在全国范围内组织了一次盛况空前的"中国92GPS 会战"，目的是在全国范围确定精确的地心坐标，建立起我国新一代的地心参考框架及其与国家坐标系的转换参数以优于 10″量级的相对精度确定站间基线向量，布设成国家 A 级网，作为国家高精度大地网的骨架，并奠定地壳运动及地球动力学研究的基础。

建成后的国家 A 级网共由 28 个点组成，经过精细的数据处理、平差后在 ITRF91 地心参考框架中的点位精度优于 0.1 m，边长相对精度一般优于 1×10^{-8}，随后在 1993 年和 1995 年两次对 A 级网点进行了 GPS 复测，其点位精度已提高到厘米级，边长相对精度达 3×10^{-9}。

作为我国高精度坐标框架的补充以及为满足国家建设的需要，在国家 A 级网的基础上建立了国家 B 级网（又称国家高精度 GPS 网）。布测工作从 1991 年开始，经过多年努力已完成全部工作。全网基本均匀布点，覆盖全国，共布测 818 个点左右，总独立基线数达 2 200 多条，平均边长在我国东部地区为 50 km，中部地区为 100 km，西部地区为 150 km，经整体平差后，点位地心坐标精度达 ±0.1 m，GPS 基线边长相对中误差可达 2.0×10^{-8}，高程分量相对中误差为 3.0×10^{-8}。

新布成的国家 A、B 级网已成为我国现代大地测量和基础测绘的基本框架，将在国民经济建设中发挥越来越重要的作用。国家 A、B 级网以其特有的高精度把我国传统天文大地网进行了全面改善和加强，从而克服了传统天文大地网的精度不均匀、系统误差较大等传统测量手段不可避免的缺点。通过求定 A、B 级 GPS 网与天文大地网之间的转换参数，建立起了地心参考框架和我国国家坐标的数学转换关系，从而使国家大地点的服务应用领域更宽广。利用 A、B 级 GPS 网的高精度三维大地坐标，并结合高精度水准联测，从而确定我国大地水准面的精度，特别是克服我国西部大地水准面存在较大系统误差的缺陷。

从 2000 年开始，我国已着手开展国家高精度 GPS A、B 级网，中国地壳运动 GPS 监测网络和总参测绘地理信息局 GPS 一、二级网的三网联测工作，已建立国家高精度 GPS2000 网，精度为 10^{-8}。这充分整合了我国 GPS 网络资源，以满足我国采用空间技术为大地控制测量、定位、导航、地壳形变监测服务。

8.1.3　区域性 GPS 大地控制网

所谓区域 GPS 网是指国家 C、D、E 级 GPS 网或专为工程项目布测的工程 GPS 网。这类网的特点是控制区域有限（或一个市或一个地区），边长短（一般从几百米到 20 km），观测时间短（从快速静态定位的几分钟至一两个小时）。由于 GPS 定位的高精度、快速度、省费用等优点，建立区域大地控制网的传统手段已基本被 GPS 技术取代。

8.1.3.1　建立新的地面控制网

尽管我国在 20 世纪 70 年代以前已布设了覆盖全国的大地控制网，但由于人为的破坏，现存控制点已不多，当在某个区域需要建立大地控制网时，首选方法就是用 GPS 技术来建网。

8.1.3.2　检核和改善已有地面网

对于现有的地面控制网由于经典观测手段的限制，精度指标和点位分布都不能满足国民经济发展的需要，但是考虑到历史的继承性，最经济、有效的方法就是利用高精度 GPS 技术对原有老网进行全面改造，合理布设 GPS 网点，并尽量与老网重合，再把 GPS 数据和经典控制网一并联合平差处理，从而达到对老网的检核和改善的目的。

8.1.3.3　对老网进行加密

对于已有的地面控制网，除了本身点位密度不够以外，人为的破坏也相当严重，为了满足基本建设的需要，采用 GPS 技术对重点地区进行控制点加密是一种行之有效的手段。布设加密网时，要尽量和本区域的高等级控制点重合，以便较好地把新网同老网匹配好，从而避免控制点误差的传递。

8.1.3.4　拟合区域大地水准面

GPS 技术用于建立大地控制网，在确定平面位置的同时，能够以很高的精度确定控制点间的相对大地高差。如何充分利用这种高差信息是近几年许多学者讨论的一个话题。由于地形图测绘和工程建设都依据水准高程，因此必须把 GPS 测得的大地高差以某种方式转化成水准高差，才便于工程建设使用。

8.2　GNSS 在工程建设中的应用

高精度卫星定位技术，实现了静态相对定位向载波相位动态相对定位的应用。RTK 又称载波相位差分技术，是实时处理两个测站载波相位观测量的差分方法，将基准站采集的载波相位发给用户接收机，进行求差解算坐标。常规的 GPS 测量方法，如静态、快速静态、动态测量都需要事后进行解算才能获得厘米级的精度，而 RTK 是能够在野外实时得到厘米级定位精度的测量方法。RTK 技术是 GPS 应用的重大里程碑，它的出现为工程选线及工程放样、地形测图、变形监测、各种控制测量带来了新的测量原理和方法，极大地提高了作业效率。因此，RTK 技术的运用已经变成测量技术运用中不可缺少的一部分。

RTK 测量可采用单基站 RTK 和网络 RTK 两种方法进行，在通信条件困难地区，也可采用后处理动态测量模式进行。

8.2.1　RTK 技术在控制测量中的应用

RTK 控制测量在实际工作中，主要用于布设野外数字测图和摄影测量的控制基础。RTK 控制测量分为平面控制测量和高程控制测量。所施测的一级、二级、三级平面控制点及等外高程点，可以作为图根测量、像片控制测量、碎部点数据采集的起算依据。

8.2.1.1　RTK 平面控制测量

1. 平面控制点的基准站的选择要求

（1）点位宜选择在地势较高、视野开阔的点位上；

（2）基准站上空尽可能开阔，5°高度角以上无成片的障碍物；

（3）点位应远离对电磁波信号反射强烈的地物、地貌（如高层建筑、成片水域等）；

（4）点位周围 200 m 范围内无强烈电磁波干扰源（如大功率无线电发射设备），50 m 范围内无高压输电线和微波无线电信号传送通道，以避免电磁场对 GPS 信号的干扰。

2. 电子手簿的设置

（1）正确设置以下参数：参考椭球、中央投影带、大地水准面模型；

（2）选择并设置电台频率；

（3）选择 GPS 工作方式为 RTK 作业模式；

（4）准确输入基准站、流动站天线。

3. 外业观测的要求

作业人员应严格按照《全球定位系统实时动态测量（RTK）技术规范》（CH/T 2009—2010）的有关规定进行操作。

采用单基站 RTK 测量一级控制点需至少更换一次基准站进行观测，每站观测次数不少于 2 次；采用网络 RTK 测量各等级平面控制点可不受流动站到基准站距离限制，但应在网络有效服务范围内；相邻点间距离不宜小于该等级平均边长的 1/2。

用 RTK 技术施测的控制点成果应进行 100% 的内业检查和不少于总点数 10% 的外业检查，平面控制点外业检测可采用相应等级的快速静态技术测定坐标、全站仪测量边长和角度等方法。平面控制点检测要求需符合表 8-1 的规定。

表 8-1 RTK 平面控制测量检测要求

等级	边长校核		角度校核		坐标校核
	测距中误差/mm	边长较差的相对误差	测角中误差/″	角度较差限差/″	坐标较差中误差/cm
一级	≤ ±15	≤1/14 000	≤ ±5	≤14	≤ ±5
二级	≤ ±15	≤1/7 000	≤ ±8	≤20	≤ ±5
三级	≤ ±15	≤1/5 000	≤ ±12	≤30	≤ ±5

8.2.1.2 RTK 高程控制测量

高程控制点外业检测可采用相应等级的三角高程测量、水准测量等方法。检测点应均匀分布在测区。高程控制测量技术要求和检测要求应符合表 8-2、表 8-3 的规定。

表 8-2 RTK 高程控制测量技术要求

大地高中误差/cm	与基准站的距离/km	观测次数	起算点等级
≤ ±3	≤5	≥3	四等及以上水准

注：大地高中误差指控制点大地高相对于最近基准站的误差；

　　网络 RTK 高程控制测量可不受流动站到基准站距离限制，但应在网络有效服务范围内。

表 8-3 RTK 高程控制测量检测要求

高差较差/mm
≤40$\sqrt{L}$

注：L 为检测线路长度，以 km 为单位，不足 1 km 时按 1 km 计算。

8.2.1.3　成果数据处理与检查

RTK 控制测量外业采集的数据应及时进行备份和内外业检查。RTK 控制测量外业观测记录采用仪器自带内存卡或数据采集器，记录项目及成果输出。

8.2.2　RTK 技术在地形测量中的应用

传统的地形测量首先根据测区的情况布设首级控制网，再加密图根控制点。其次，在图根点上假设全站仪采集数据，通常一个测量小组至少需要 3 人。随着 RTK 技术的普及，大部分地形测绘单位都采用 RTK 测图。采用 RTK 测图仅需 1 人携带仪器，直接在野外采集地形数据，并且 3 ~ 5 s 可以完成一个特征点的采集，在现场将特征点编码输入测量手簿。最后，将测量手簿中的数据导入计算机，采用专业绘图软件进行地形图编绘，成图输出。

RTK 地形测量适合用于外业数字测图，内容分为图根控制测量和碎部点测量。

8.2.2.1　RTK 图根控制测量

RTK 控制测量，按其工作性质可分为外业和内业两大部分，外业工作主要包括选点、建立测站标志、埋石、野外观测作业以及成果质量检核等；内业工作主要包括技术设计、测后数据处理以及技术总结等。RTK 测量实施的工作程序大体分为几个阶段：GPS 控制网的优化设计、选点与埋石、外业观测、成果检核、数据处理、编制报告。

RTK 测量是一项技术复杂、要求严格的工作，实施的原则是在满足用户对测量精度和可靠性等要求的情况下，尽可能地减少经费、时间和人力的消耗。因此，对其各阶段的工作，都要精心设计、组织和实施。

为了满足实际的要求，RTK 测量作业应遵守统一的规范和细则。RTK 控制测量与 GPS 定位技术的发展水平密切相关，GPS 接收机硬件与软件的不断改善，将直接影响测量工作的实施方法、观测时间、作业要求和成果的处理方法。

8.2.2.2　RTK 碎部点测量

在地形测量项目中，采用 RTK 系统进行野外碎部数据采集具有受天气因数影响小，测图精度高，无须考虑控制点间的通视问题等优势，但是也存在不能观测居民地、树林，对复杂地形（如冲沟）观测困难等缺陷。

（1）在地形测量过程中对于开阔区域的独立地物（如坟、出水口、高程点等）、现状地物（各类道路、水渠），RTK 系统可以直接观测，其精度可达 1 ~ 3 cm。具体做法为在各类地物的定位点上安放流动站，待仪器的状态固定后输入各类地物相应的属性编码进行保存，在内业整理时根据属性编码对各类地物进行相应的表示。

（2）在地形测量的开阔区域也会有一些居民地、厂房、废弃房、机井房、养殖场等独立或小片的建筑物和树林，我们对上述的地物进行分类，以项目效益最大化为原则采取不同的措施进行处理。RTK 系统对地形测量中遇到的建筑物处理方式如下：

①对于矮建筑物，将对中杆加高，让 RTK 系统的卫星接收天线伸到房顶后直接观测。

②对于结构简单的高大建筑物，以 RTK 系统采用观测辅助点的方式观测如图 8-1 所示，与观测房屋角 A、B、C、D 在其各自的延长线上观测辅助点 1 ~ 8，然后画草图并注记待测点、辅助点点号及连接顺序，内业编辑时按顺序连线，即可求出房屋角 A、B、C、D。

③对于结构复杂的高大建筑物和树林，在其附近适合位置利用 RTK 系统作图根控制点，然后用全站仪进行补测。

（4）地形测量项目多分布于城镇、厂矿等经济相对发达地区，此类区域内通信、电力系统

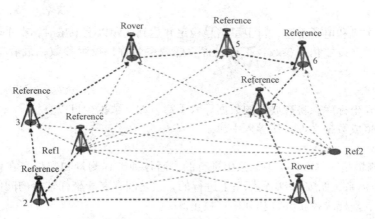

图 8-1　辅助点观测建筑物示意图

都比较发达，输电塔、高压杆、低压杆、通信杆比比皆是。在 RTK 系统碎部数据采集中，对高压杆、低压杆、通信杆等必须精确定位，而该类杆都有一定的粗细与高度，GPS 卫星接收天线靠紧后会遮挡一部分卫星信号，且杆上的电力线、通信线都有电磁干扰，会对数据采集造成困难。如果采用 RTK 技术的原理采集其他碎部数据，以全站仪补测各类电杆、通信杆，工作会成倍增加。由 RTK 技术的原理可知，其系统流动站接受的部分卫星信号受短暂的屏蔽、数据链无线电信号短暂中断后，系统固定解的锁定状态并不会立即失锁，而是根据其前面的经验值进行外延计算，利用 RTK 技术的这一设计理念，在野外采集各类杆位数据时，流动站 GPS 卫星接收天线靠紧杆位后，比较迅速地保存数据（一般为 2～4 s），太快的话，数据链发送的基准站信息得不到充分利用；太慢的话，由于部分卫星信号屏蔽，电力线、通信线的电磁干扰会造成系统固定解状态失锁。

（4）对于小区域的地物，应尽量采用各种辅助方法给予观测，以防漏测。在地形测量采集过程中由行走、站位到保存数据这一过程中不要动作太快，由其工作原理可知，其基准站、流动站间无线电数据通信链路每秒进行一次，为提高精度，降低错误率数据，保存前可人为停顿 2～4 s 然后保存，此条对于观测野外碎部高程突变的情况尤其重要。

8.2.3　GNSS RTK 在施工测量中的应用

在工程项目中，建筑物的形状和大小是通过其特征点在实地上表示出来的，如建筑物的中心、四个角点、转折点等，因此，点位放样是建筑物放样的基础。用 RTK 进行点位放样同传统放样一样，需要两个以上的控制点，但不同的是，传统的方法是通过距离或方向来放样定点，或使用全站仪用两点定向后放样定点，而 RTK 是用控制点进行点校正，就可在无光学通视（电磁波通视）的条件下进行点位的放样，这是传统方法难以实现的。

8.2.3.1　RTK 点位放样操作过程

1. 测前准备

获取 2～3 个控制点的坐标（如果没有已知数据，可用静态 GNSS 先进行控制测量），解算或用相关软件求出放样点的坐标，检查仪器是否能正常使用。

2. 基准站架设

将基准站架设在较空旷的地方，附近无高大建筑物或高压电线等。架设完后安装电台，连接好仪器后开启基准站主机，打开电台并设置频率。如果采用 CORS，可以省去基准站的架设工作。

3. 建立新工程

开启移动站主机和电子手簿，待卫星信号稳定并达到 5 颗以上卫星时，在手簿软件上先连接蓝牙，连接成功后，设置相关参数：工程名称、椭球系名称，投影参数，最后单击【确定】按钮，工程新建完毕。

4. 输入放样点

在手簿上打开坐标库，将待放样的数据导入手簿，如果数据少可以直接输入，但是如果点位数据量大可以编辑成数据文件直接导入手簿。

5. 测量校正

GNSS RTK 测量是在 WGS-84 坐标系中进行的，而各种工程测量和定位是在地方独立坐标或我国北京 1954 坐标系、西安 1980 坐标系上进行的，这之间存在着坐标转换的问题。测量校正有两种方法：控制点坐标求校正参数和利用点校正。

方法一：假设利用 A、B 这两个已知点来求校正参数，首先必须记录下 A、B 这两个点的原始坐标（移动站在固定值解的状态下定位求解得这两个点的坐标），再在控制点坐标库中输入 A 点的已知坐标之后，软件会提示用户输入 A 点的原始坐标，然后输入 B 点的已知坐标和 B 点的原始坐标，这样就计算出校正参数。

方法二：利用校正向导校正，此方法又分为基准站在已知点的校正和基准站在未知点的校正。这里只说明基准站架设在未知点的校正方法。

（1）利用一点校正：在软件中选择【校正向导】→【基准站架设在未知点】→输入当前移动站的已知坐标→待移动站对中整平后并出现固定解→【校正】。

（2）利用两点校正：在软件中选择【校正向导】→【基准站架设在未知点】→输入当前移动站的已知坐标→待移动站对中整平后并出现固定解→【下一步】→将移动站移到下一个已知点→输入当前移动站的已知坐标→待移动站对中整平后并出现固定解→【校正】。

（3）利用三点校正：与利用两点校正相同，只是多增加了一个已知点，多重复了一遍。

6. 放样点位

在手簿上选择【测量】→【点放样】，进入放样屏幕，单击【打开】按钮，打开坐标管理库，在这里可以打开事先编辑好的放样文件，选择放样点，也可以单击【增加】按钮，输入放样点坐标。

放样作业时，在手簿上显示箭头及目前位置到放样点的方位和水平距离，观测时只需根据箭头的指示放样。当流动站与放样点的距离小于设定值时，手簿上显示同心圆和十字丝分别表示放样点位置和天线中心位置。当流动站天线整平后，十字丝和同心圆圆心重合时可以按【测量】键对放样点进行实测，并保存观测值。

8.2.3.2　RTK 放样的优缺点

1. RTK 技术的优点

（1）作业效率高。在一般的地形地势下，高质量的 RTK 设站一次即可测完 4~5 km 半径的测区，大大减少了传统测量所需的控制点数量和测量仪器的"搬站"次数，在一般的电磁波环境下几秒即得一点坐标，作业速度快，劳动强度低。

（2）定位精度高，数据安全可靠，没有误差积累。只要满足 RTK 的基本工作条件，在一定的作业半径范围内，RTK 的平面精度和高程精度都能达到厘米级。

（3）降低作业条件要求。RTK 技术不要求两点间满足光学通视，只要求满足"电磁波通视"，受通视条件、能见度、气候、季节等因素的影响和限制较小。

（4）RTK 作业自动化、集成化程度高，测绘功能强大，操作简便，容易使用，数据处理能力强。RTK 可胜任各种测绘内、外作业。流动站利用内装式软件控制系统，无须人工干预便可自动实现多种测绘功能，使辅助测量工作大为减少，降低人为误差，保证作业精度。

2. RTK 技术的缺点

因为在城市建筑密集区、树林茂密地区，GNSS RTK 放样时很难得到固定解，甚至没有固定解，所以 RTK 技术不能完全取代全站仪等常规仪器。对于精度要求较高的安装工程等精密放样，通常情况会选择传统方法。

8.3　GNSS 在城市管理中的应用

按照数据获取精度要求，GNSS 技术在城市测量中的应用可以分为载波相位静态相对定位和实时动态相对定位（RTK）两种。GNSS 静态定位测量精度可以满足城市区域控制测量对数据精度的要求，但数据获取时间较长，测量数据需要通过计算数据处理计算获取。而 RTK 技术可以实时动态获取测量数据，但精度较静态定位低，主要适用于城市碎部点测量、建筑物和线路放样、地籍调查等工作。

8.3.1　城市地形图测量

城市地形图是城市规划设计的重要依据，城市地形图的准确性、完整性、时效性有着极其重要的意义。GNSS 测量手簿应用程序依据地形图测量规范和行业习惯开发，对地物进行测量和管理。它具有自动赋予相应编码，支持 DXF 格式文件，图形化显示地物，能够以多种格式输出成果，与后处理软件无缝结合等专用测图功能。

8.3.2　城市管线测量

完善的城市管线地形图对于信息化管理具有重要意义。可采用 GNSS 对地上管线和地下管线的特征点进行快速测量，或者通过已知点间接计算得到特征点坐标以及存储管线的相关信息，并可输出测量成果。GNSS 管线程序可根据管线类型和名称，如电力线、通信线、燃气管线、输水管线等，自动按照《城市地下管线探测技术规程》（CJJ 61—2017）生成相应编码和代码，并赋予相应的颜色，有助于减少和避免错误，提高作业效率。

8.3.3　城市土地测量及评估

城市土地评估需要准确的宗地位置、面积、界址点等信息。面积测量程序是利用 GNSS 技术在野外采集多边形区域的边界点进行面积测量，并可实时计算所测区域的面积、边界周长，界址点坐标，查看测量成果，最后输出相关成果及 DXF 图形。利用 GNSS 技术进行面积测量具有精度高、效率高的特点，借助准确、高效的测量工具和手段，可使城市土地测量更加快捷、准确。GNSS 面积测量程序的测量范围远远大于传统的拉尺测量。

8.3.4　高层建筑物变形监测

为确保高层建筑物的安全使用，需要进行长期的精密变形监测，以确定其变形状态。建筑物变形监测内容一般有沉降监测、水平位移监测和倾斜变形监测，可以使用单频的 GNSS 静态测量实现监测任务。

在稳定区域假设 1～2 台 GNSS 接收机做参考站，然后在需要监测的高层建筑物上设置监测点，在每个监测点上都安置一台 GNSS 接收机，不间断地连续进行全天候自动监测，通过解算软件实时计算监测点三维坐标，并通过分析软件分析监测点的位移和沉降变化情况。数据可通过光纤等有线方式或通过 GPRS、GSM、CDMA 等无线方式进行传输。单频 GNSS 监测系统的配置成本低，与双频 GNSS 监测模式有点相近，但要实现毫米级精度需要 24 h 的连续观测。

综上所述，GNSS 测量技术在城市测量中具有广泛的应用前景，其作业速度快、精度高、实时性强、全天候作业等特点，可以满足城市建设中各方面的测量要求。尤其是 RTK 技术的应用，为城市规划设计、施工建设和城市管理提供了一个方便、快捷的测量方法，而 RTK 测量技术获取的数据具有独立性，减小了常规测量方法造成的误差累计。而 GNSS 技术受到自身测量数据获取原理和方法的限制，在城市测量中受到城市建筑物、通信设备等的干扰性强，这就需要对 GNSS 技术进行不断完善，加强与常规测量方法的联合作业水平。

8.4　GNSS 在航空摄影测量中的应用

摄影测量是利用摄影所得的像片研究和确定被摄物体形状、大小、位置、属性相互关系的一种技术。摄影测量技术的发展可分为三个阶段，在电子计算机问世之前，人们通常用光学、机械或光学机械等模拟方法实现摄影光束的几何反转。这类模拟方法称为经典的摄影测量，但模拟法摄影测量存在精度低、提供的产品单一等明显的缺点与局限性。由于计算机的问世，在摄影测量领域内，各种光学或机械的模拟解算方法可以通过利用计算机由严密公式解算的解析方法替代。随着计算机技术的迅猛发展，解析摄影测量方法已成为世界各国主要的摄影测量作业方法。将影像本身进行数字化，可以获得以不同灰度级别形式表示的数字影像，对数字影像的处理和分析，导致了栅格式全数字自动化摄影测量的兴起。

摄影测量有两大主要任务。其中之一就是空中三角测量，即以航摄像片所量测的像点坐标或单元模型上的模型点为原始数据，以少量地面实测的控制点地面坐标为基础，用计算方法解求加密点的地面坐标。在 GPS 出现以前，航测地面控制点的施测主要依赖传统的经纬仪、测距仪及全站仪等，但这些常规仪器测量都必须满足控制点间通视的条件，在通视条件较差的地区，施测往往十分困难。CPS 测量不需要控制点间通视，而且测量精度高、速度快，因而 GPS 测量技术很快就取代了常规测量技术成为航测地面控制点测量的主要手段。但从总体上讲，地面控制点测量仍是一项十分耗时的工作，未能从根本上解决常规方法"第一年航空摄影，第二年野外控制联测，第三年航测成图"的作业周期长、成本高的缺点。

近年来，随着 GNSS 动态定位技术的飞速发展，GNSS 辅助航空摄影测量技术出现并得到发展。目前该技术已进入实用阶段，在国际和国内已用于大规模的航空摄影测量生产。实践表明，该技术可以极大地减少地面控制点的数目，缩短成图周期，降低成本。

8.4.1　航空摄影测量概述

航空摄影测量在定位方面有空对地和地对空两种方法。空对地方法是用各种直接测量方法求出摄影机或传感器的空间位置和姿态，然后用前方交会的方法，确定照片上任一目标在实际空间中的位置。而地对空方法是利用已知空间坐标的若干地面控制点及其在照片上的构象，先求出照片的外方位元素，进而可确定出照片上任一目标的空间位置。

目前，常用的航空摄影测量多是采用全数字化摄影测量成图。基本作业流程：航空摄影，外业像控点的测量及照片调绘，像控点采用平面区域网布点，航内区域网电算加密，全数字化摄影测量成图，编制数字化产品。

随着 GPS 技术的不断成熟，利用载波相位差分法和 GPS 定位方法可以精确地测定摄影中心的三维空间坐标，并将其作为辅助数据与摄影测量和非摄影测量观测值一起进行区域网联合平差。GPS 数据将能大大提高区域网的精度和可靠性，大大节省区域网平差所需的地面控制点。

8.4.2　GPS 用于航空摄影外业控制联测

首先，需要进行航空摄影，拍摄符合技术要求的航摄照片。其次，在取得经过处理的照片时，就可以进行像控点的联测工作。最后，根据像控点的布设方案选点，进行外业数据检核和内业平差计算。

8.4.3　进行 GPS 辅助空中三角测量

GPS 用于空中三角测量的实质在于利用机载 GPS 测定的天线相位中心位置间接地确定摄站坐标。GPS 用于空中三角测量需要机载 GPS 天线相位中心位置达到什么样的精度呢？计算机模拟计算结果表明，GPS 摄影机位置的坐标在区域网联合平差中十分有效，使具有中等精度的 GPS 能满足表 8-4 航摄测图的规范要求。

表 8-4　空中三角测量（联合平差）要求 GPS 定位精度

地图比例尺	像片比例尺	空中三角测量所需精度/m		等高距/m	GPS 定位精度/m	
		$\mu_{x,y}$	μ_z		$\sigma_{x,y}$	σ_z
1：100 000	1：100 000	5	<4	20	30	16
1：50 000	1：70 000	2.5	2	10	15	8
1：25 000	1：50 000	1.2	1.2	5	5	4
1：10 000	1：30 000	0.5	0.4	2	1.6	0.7
1：5 000	1：15 000	0.25	0.2	1	0.8	0.35
1：1 000	1：8 000	0.05	0.1	0.5	0.4	0.15

表 8-4 所要求的 GPS 定位精度是完全可以达到的，而且由于 GPS 确定的每个摄站位置均相当于一个控制点，因而可以减少地面控制至最低限度，直至完全取消地面控制。由于摄站坐标的加入，大大增强了图形强度，使空中三角测量加密的精度有所提高。

1. 进行航摄的准备工作

首先，确定机载高动态 GPS 天线的类型，GPS 天线应符合航空产品的规范。把 GPS 天线安装在飞机上，固定摄影机位置，摄影机最好置于相位天线的正下方。把 GPS 天线通过放大器与 GPS 接收机相连，同时把 GPS 接收机中的事件标示器（Event Marker）与航空摄像仪的曝光信号脉冲输出端相连接。进行 GPS 接收天线相位中心与摄影机后节点（也是投影中心）的偏心测定。

2. 进行飞行拍摄

根据拍摄区的范围，布设多个基准站，站间的距离不大于 40 km。利用 GPS 导航进行航空摄影，把 GPS 与计算机相连，对设定的航线进行飞行拍摄。加装垂直构架，由于每条航带上都可能出现信号失锁、周跳或是不同期飞行的情况，为了使空中三角网稳定可解，加装垂直构架航带是十分必要的。

8.4.4 案例分析

8.4.4.1 案例一

1. 工程基本情况

某航测工程有 9 个架次的飞行，测区面积约为 28.2 km²。采用运-5 型飞机作为航摄飞行平台，航摄仪采取双拼相机的方式以获取更大的单幅影像覆盖面积，航摄仪上安置了一台 Trimble 5700 型 GPS 接收机，用来记录相机曝光时刻的时间，同时安装有电动数字罗盘用来控制飞行旋偏角。地面布设了一个 GPS 基准站（点号为 j_x01），其坐标由某测绘局提供。

整个飞行作业从早上 8 点 20 分开始至中午 12 点 20 分结束，其中纯飞行时段从 8 点 55 分开始至中午 12 点结束，共计进行 3 h。分别按照 1∶1 000 和 1∶2 000 摄影比例尺进行了飞行，其中 1∶1 000 飞行了 10 条航线，1∶2 000 飞行了 4 条航线，航向重叠度约为 65%，旁向重叠度约为 35%。飞行期间，单台相机共曝光 578 次。地面基站 GPS 提前开机近半小时进行初始化，机载 GPS 在起飞前 10 min 开始观测，数据采样率为 0.2 s，共计观测约 3 h，飞行过程中有少部分卫星出现了中断比较严重的现象，比如 1、6、25、29 号卫星，大部分时段还是有相当数量的卫星可用，因而 GPS 数据的整体质量不错。整个飞行阶段卫星的 DOP 值都小于 4，而且绝大部分飞行时段卫星的 DOP 值都在 3 以下，最大值为 3.8，这说明观测期间卫星的几何图形强度相对不错。

2. 航测内业处理流程

航测内业具体处理流程：①原始影像航摄漏洞检查（主要检查航摄空白区用以判断是否进行航摄补拍）；②影像畸变纠正处理（消除影像的畸变差和主点偏移量）；③影像匀光匀色处理（消除成像条件对数字影像的各类影响）；④双拼虚拟影像生成（主要包括纠正为水平影像、影像子像元相关、速成小空三、虚拟影像生成等）；⑤摄站坐标的解算（应用双差或 PPP 方法进行解算）；⑥GPS 辅助空三；⑦DEM、DLG 等的制作。其中在 GPS 辅助空中三角测量过程中需要摄站 GPS 坐标的支持，能否解算出精度相对比较高的机载 GPS 数据是 GPS 辅助空中三角测量能否取得预期结果的决定性因素。

3. PPP 处理

在 PPP 方法中，使用观测值的验后残差及由残差所计算的 RMS 值的大小来评价参数估计的内符合精度或模型精度。验后残差越小，其对应的 RMS 值越小，其理论上的定位精度越高。该次成果绝大多数历元的验后三维 RMS 值都在 2 cm 以内，最大值为 2.1 cm，最小值为 0.2 cm，由此可以说明 PPP 在动态定位中的理论精度可以达到厘米级的水平。

8.4.4.2 案例二

1. 任务概况

测区位于周口市，需要在测区规划区和发展区面积约 180 km² 的范围进行摄影和大比例地形测绘。

2. 航空摄影

在测区利用 ADS80 航摄仪进行航摄。航摄时采用于 GPS 地面基准站相配合的作业方式，基准站假设在测区中部 2 个已知 D 级 GPS 控制点上，用 2 台天宝 5700 双频 GPS 接收机架设在控制点上进行观测。

3. 像控点布设及联测

（1）像控点布设。在处理飞行数据后，在测区四角和中心选取少量像控点进行布设，共布设 26 个像控点。像控点的选定均按室内规范要求和照片条件进行。

（2）联测。在 26 个像控点都进行实地选点。像控点平面坐标的联测采用 HNCORS 系统进行。每个像控点目标均测 3 次，取 3 次平均值为像控点成果值。

4. 数据预处理

ADS80 是 1 台基于三线阵扫推式航摄像机，它集成了数据定位系统，可以在航摄的同时独立记录 GPS 相位中心的精度位置和高频记录（IMU）的姿态数据，在进行 GPS 和 IMU 数据联合处理后可以得到航摄过程中航摄仪高频精确的空间位置和姿态信息。通过内插可以得到每个扫描线曝光瞬间的投影中心的空间位置和姿态数据。

（1）外方位元素求解。ADS80 内业解算主要是基于 GPro、IPAS、APM 和 Orima 软件进行计算的，在航飞结束后，利用同步基站 GPS 观测数据，联合机载 GPS 和惯性测量单元数据以及航摄时间记录进行解算，获得投影中心精确的空间位置和姿态数据。

（2）空中三角测量。空中三角测量的目的是获得数字摄影测量内业所需的照片内外方位元素和数字影像纠正点等元素数据。本项目使用 Orima 自动空中三角测量系统进行加密，测区划分为 1 个加密单元。采用 IMU 辅助空三技术手段，用地面基站加外业像控点处理数据。在引入外业像控点大地坐标进行区域网的联合平差计算时，像控点的量测采用人工观测。加入 IMU 辅助航空摄影得到的 6 个外方位元素初值作为带权观测值参与平差，再用加密成果进行定向。无约束平差和约束平差空中三角测量数据处理精度及各种限差均满足技术要求。空三平差加密成果经外业检测点验证时符合精度要求。

5. 立体测图

在完成空中三角测量后，根据测区范围和模型进行 1∶500 和 1∶1 000 大比例尺地形图内业测绘产品的生产。

近年来 GPS 动态定位技术的飞速发展，给航空摄影测量技术带来了巨大的发展，该技术在测绘工程中的应用，大大促进了航空摄影测量在国内测绘业的进步。GPS 辅助光束法区域网空中三角测量平差技术，将大大减少外业照片控制联测的任务量，缩短生产周期，降低生产成本，给航空摄影测量的大规模推广应用提供了广阔的前景。

8.5　GNSS 在智能交通中的应用

智能交通系统（Intelligent Traffic Systems，ITS），早期称为智能车辆道路系统（Intelligent Vehicle Highway Systems，IVHS）。ITS 是目前世界各国交通运输领域竞相研究、开发的热点，它是指将先进的信息技术、无线通信网络技术、自动控制技术、计算机及图形图像显示技术等有机集成，应用于整个交通运输管理体系，在大范围内建立起实时准确、全方位发挥作用的交通运输综合管理和控制系统，为出行者提供交通工具、方式及路线的选择，并能最安全、经济地到达目的地；为交通管理部门提供对车辆、驾驶员、道路三者实时信息的采集，提高管理效率，及时疏导交通，合理调度，处理交通事故等，以达到充分利用交通资源的目的，使路网处于最佳运行状态，最大限度地提高运行能力。

GPS 能为交通工具提供实时的三维位置，被称为 ITS 的基石。GPS 在 ITS 中的应用目前主要有两类系统：一是车辆自主导航定位系统（简称车辆导航系统）；二是车辆跟踪、调度、监控定位系统（简称为车辆跟踪系统）。

车辆导航系统是一个独立的自主定位系统，车辆通过车载的 GPS 实时测定三维位置配合电子地图来完成道路引导、交通信息查询、目的地寻找等。需要时，也可将位置信息报告给交通、安全管理部门。该系统的瓶颈是电子地图。目前在我国已有成功的 GPS 车辆导航系统。

车辆跟踪系统除需综合应用 GPS、GIS 通信等技术外，还与交通、公安、电信、保险等部门有关。该系统的瓶颈是通信。目前我国有 200 多家公司在进行 GPS 车辆跟踪系统的建设工作，并已在公安、公交、银行、邮电、"110"、"120"、海上巡逻等行业及部门建起专项车辆（船只）跟踪系统。

8.5.1　车辆 GPS 定位管理系统

车辆 GPS 定位管理系统主要是由车载 GPS 自主定位，结合无线通信系统将定位信息发往监控中心（调度指挥中心），监控中心结合地理信息系统对车辆进行调度管理和跟踪。已经研制成功的如车辆全球定位报警系统、警用 GPS 指挥系统等，分别用于城市公共汽车调度管理，风景旅游区车船报警与调度，海关、公安、海防等部门对车船的调度与监控。

1. 监控中心部分的主要功能

（1）数据跟踪功能。将移动车辆的实时位置以帧列表的方式显示出来，如车号、经度纬度、速度、航向、时间、日期等。

（2）图上跟踪功能。将移动车辆的定位信息在相应的电子地图背景上复合显示出来。电子地图可任意放大、缩小、还原、切换。有正常接收与随意点名接收两种接收方式，还可提供是否要车辆运行轨迹的选择功能。

（3）模拟显示功能。可将已知的目标位置信息输入计算机并显示出来。

（4）决策指挥功能。决策指挥功能以通信方式与移动车辆进行通信。通信方式可用文本、代码或语音等实现调度指挥。

2. 车载部分的主要功能

（1）定位信息的发送功能。GPS 接收机实时定位，并将定位信息通过电台发向监控中心。

（2）数据显示功能。将自身车辆的实时位置在显示单元上显示出来，如经度、纬度、速度、航向。

（3）调度命令的接收功能。接收监控中心发来的调度指挥命令，在显示单元上显示或发出语音。

（4）报警功能。一旦出现紧急情况，司机启动报警装置，监控中心立即显示出车辆情况、出事地点、出事时间、车辆人员等信息。

车辆 GPS 定位属于单点动态导航定位。其定位精度约为 100 m 量级。为了提高定位精度，可采用差分 GPS 技术。

8.5.2　差分 GPS 技术的车辆管理系统

若采用一般差分 GPS 技术，每辆车上都应接收差分改正数，这样会造成系统过于复杂，所以实际应用中多采用集中差分技术。

工作原理：每一辆车都装有 GPS 接收机和通信电台，监控中心设在基准站位置，坐标精确已知。基准点上安置 GPS 接收机，同时安装通信电台、计算机、电子地图、大屏幕显示器等设备。工作时，各车辆上的 GPS 接收机将其位置、时间和车辆编号等信息一同发送到监控中心。监控中心将车辆位置与基准站 GPS 定位结果进行差分求出差分改正数，对车辆位置进行改正，计算出精确坐标，经过坐标转换后，显示在大屏幕上。

这种集中差分技术可以简化车辆上的设备。车载部分只接收 GPS 信号，不必考虑差分信号的接收，而监控中心集中进行差分处理、显示、记录和存储。数据通信可采用原有的车辆通信设，只要增加通信转换接口即可。

　　由于差分 GPS 设备能够实时地提供精确的位置、速度、航向等信息，车载 GPS 差分设备还可以对车辆上的各种传感器（如计程仪、车速仪、磁罗盘等）进行校准工作。

8.5.3　应用前景

　　汽车是现代文明社会中与每个人关系最密切的一种交通工具。据统计，仅几个发达国家的汽车保有量已达数亿辆。我国民用汽车保有量也有数千万辆。因此车辆导航将成为未来 20 年中全球卫星定位系统应用最大的潜在市场之一。2000 年，全世界用于车辆导航总投资额达到 30 亿美元，占当年 GPS 应用总投资额的 1/3。

　　在我国，特种车辆有几十万辆。有关部门要求首先对运钞车、急救车、救火车、巡警车、迎宾车等特种专用车辆实现全程监控、引导和指挥。目前使用车载 GPS 接收机进行自主定位的车辆很少，大量的开发应用热点在监控调度系统上。

　　车载 GPS 导航设备在应用上的发展方向，应当着重发展多卫星系统、远距离监控以及多功能显示等几个方面。

　　使用多卫星系统，如 GNSS 系统进行导航定位时由于卫星多，可以保证车辆实时定位的精度与可靠性。

　　对于用于调度指挥的监控系统来说，监控中心与其管辖的车辆之间由于通信电台的功率有限，其作用距离仅几十千米。增大监控作用距离，应当解决远距离通信问题。例如，增加通信中继站，延长作用距离，利用广播或卫星通信方式使监控范围覆盖更大的地域。

　　监控系统的功能应当是多方面的，例如语音传输、视觉图像传输以及各种命令和车辆周围环境的情况录入存储等。

　　Sychip 公司推出嵌入式 GPS2020 模块，大小仅为 11 mm × 14 mm，有 12 个通道，8 M 内存，可植入手机和 PDA。语音 GPS 导航仪早已问世，由 GPS 控制通过语言来实现。

　　可以说，GPS 导航定位在公安、交通系统中的应用前景是非常广阔的。在开发车辆导航应用的同时，也将带动与其相关的通信技术、信息技术、控制技术、多媒体技术和计算机应用技术的发展。

8.6　北斗在高精度定位领域中的应用

8.6.1　北斗卫星导航系统概述

8.6.1.1　北斗卫星导航系统的起源

　　北斗卫星导航系统（以下简称北斗系统）是中国着眼于国家安全和经济社会发展需要，自主建设、独立运行的卫星导航系统，是为全球用户提供全天候、全天时、高精度的定位、导航和授时服务的国家重要空间基础设施。

　　随着北斗系统建设和服务能力的发展，相关产品已广泛应用于交通运输、海洋渔业、水文监测、气象预报、测绘地理信息、森林防火、通信系统、电力调度、救灾减灾、应急搜救等领域，逐步渗透到人类社会生产和人们生活的方方面面，为全球经济和社会发展注入新的活力。

　　卫星导航系统是全球性公共资源，多系统兼容与互操作已成为发展趋势。中国始终秉持和践行"中国的北斗，世界的北斗，一流的北斗"的发展理念，服务"一带一路"建设发展，积极推进北斗系统国际合作。与其他卫星导航系统携手，与各个国家、地区和国际组织一起，共同推动全球卫星导航事业发展，让北斗系统更好地服务全球、造福人类。

8.6.1.2 发展历程

20 世纪后期，中国开始探索适合国情的卫星导航系统发展道路，逐步形成了"三步走"发展战略：2000 年年底，建成北斗一号系统，向中国提供服务；2012 年年底，建成北斗二号系统，向亚太地区提供服务；2020 年，建成北斗全球系统，向全球提供服务；2035 年前还将建设完善更加泛在、更加融合、更加智能的综合时空体系。

8.6.1.3 发展目标

建设世界一流的卫星导航系统，满足国家安全与经济社会发展需求，为全球用户提供连续、稳定、可靠的服务；发展北斗产业，服务经济社会发展和民生改善；深化国际合作，共享卫星导航发展成果，提高全球卫星导航系统的综合应用效益。

目前，我国正在实施北斗三号系统建设。2018 年年底，完成 19 颗卫星发射组网，完成基本系统建设，向全球提供服务；2020 年，完成 30 颗卫星发射组网，全面建成北斗三号系统。

8.6.1.4 基本组成

北斗系统由空间段、地面段和用户段三部分组成。

（1）空间段。北斗系统空间段由若干地球静止轨道卫星、倾斜地球同步轨道卫星和中圆地球轨道卫星三种轨道卫星组成混合导航星座。

（2）地面段。北斗系统地面段包括主控站、时间同步/注入站和监测站等若干地面站。

（3）用户段。北斗系统用户段包括北斗兼容其他卫星导航系统的芯片、模块、天线等基础产品，以及终端产品、应用系统与应用服务等。

8.6.1.5 发展特色

北斗系统的建设实践，实现了在区域快速形成服务能力、逐步扩展为全球服务的发展路径，丰富了世界卫星导航事业的发展模式。

北斗系统具有以下特点：一是北斗系统空间段采用三种轨道卫星组成的混合星座，与其他卫星导航系统相比高轨卫星更多，抗遮挡能力强，尤其低纬度地区性能特点更为明显。二是北斗系统提供多个频点的导航信号，能够通过多频信号组合使用等方式提高服务精度。三是北斗系统创新融合了导航与通信能力，具有实时导航、快速定位、精确授时、位置报告和短报文通信服务五大功能。

8.6.2　北斗兼容型高精度接收机技术

基于多系统融合处理、多系统多频点技术及快速定向等关键技术研制的北斗兼容高精度系列接收机，充分发挥了北斗系统的优势，并可实现与国外主流板卡的直接替换，主要指标达到国际先进水平。北斗兼容高精度系列板卡主要面向 GNSS 高精度定位和定向市场，已在测量测绘、连续运行参考站网络（CORS）、高精度定位定向等关键领域得到规模应用。

高精度定位定向接收机，可以提供精度更高、性能更可靠的定位结果输出，适合高精度测绘应用。在复杂的环境中，RTK 初始化时间和可靠性均具有一定提高。特别是在电离层活跃地区，基于北斗的多系统兼容高精度卡板性能优于 GPS/GLONASS 接收机。其应用越来越广泛，尤其是在驾考领域。随着驾考系统的电子化的推进和升级，驾校考试系统现已基本采用高精度 GNSS 辅助判断技术。

8.6.3　北斗高精度定位的应用

随着北斗三号导航卫星的成功发射，中国北斗卫星导航系统进入全球组网的密集发射阶段。太空中的"北斗"越来越多，地面上的人们该如何使用，这种使用到了何种精度，成了一个备受瞩目的问题。目前北斗地基增强系统，可在全国范围内提供亚米级精准定位服务，在中国的21 个省份提供实时动态厘米级精准定位服务。而千寻位置服务平台总用户数超过 1 个亿，A - 北斗加速定位服务覆盖全球 200 多个国家和地区。

传统卫星导航系统 5 ~ 10 m 的定位误差其实早已无法满足当今生产生活的需要，通过提供高精度定位服务，为全社会提供更大价值成为中国北斗"弯道超车"的重要目标，特别是在万物互联的机器人时代，只有亚米级甚至厘米级的精准定位能力才能满足各类物联网终端的需求。

要实现这一目标，北斗地基增强系统的建设就显得尤为重要。受卫星轨道误差、卫星钟差误差等系统性因素的影响，传统卫星导航系统的误差难以消除。通过在地面建立地基增强站，以定位算法获得定位数据差分信息，再进行大范围播发，就可以帮助各类终端实现高精准定位。

未来，北斗高精度定位服务有望成为全社会共享的一项公共服务，在其赋能之下，智慧城市、自动驾驶、智慧物流等各种应用都将实现真正的大规模商用。未来更多的手机、单车、可穿戴设备等终端都将使用北斗高精度定位服务，为城市管理赋能，给人们的生活带来便利。

8.7　GNSS 在其他领域中的应用

8.7.1　GNSS 在海洋测绘中的应用

海洋测绘主要包括海上定位、海洋大地测量和水下地形测量。海上定位通常指在海上确定船位的工作。它主要用于舰船导航，同时又是海洋大地测量不可缺少的工作。海洋大地测量主要包括在海洋范围内布设大地控制网，进行海洋重力测量。在此基础上进行水下地形测量，测绘水下地形图，测定海洋大地水准面。此外，海洋测绘的工作包括海洋划界、航道测量以及海洋资源勘探与开采、海底管道的敷设、近海工程、打捞、疏浚等海洋工程测量。除了海洋重力测量、平均海面测量、海面地形测量以外，还有海流、海面变化、板块运动以及海啸等测量。

海上定位是海洋测绘中最基本的工作。由于海域辽阔，海上定位可根据离岸距离的远近而采用不同的定位方法，如光学交会定位、无线电测距定位、GPS 卫星定位、水声定位以及组合定位等。

8.7.1.1　GPS 海洋控制网

由于海洋测绘工作开展时具有测量基准实时变化的特征问题，因此在测量方式选择方面较为复杂烦琐，为有效避免因测量技术错失造成测量结果存在偏差，首先应注重划定海洋测绘开展运行的实际测量工作范围，通过引入海洋控制网概念予以完成。GPS 海洋控制网是将海底、海平面和陆地三者建立必要的联系，按照一定的规则形式划定海洋测绘工作开展的区域范围。其中海底控制点的确立是确定海洋控制网建立的重要核心组成部分，通过充分运用 GPS 技术中信号接收完成卫星的同步定位，并借助水声应答判断控制点之间的距离，从容有效地完成海底控制点的确立，最终执行海底控制点的监控工作（图 8-2）。通过 GPS 技术构建海洋测绘工作开展的空间范围基础设定，有效关联陆地与海洋，在很大程度上推动了后续海洋工程建设工作的发展进程。

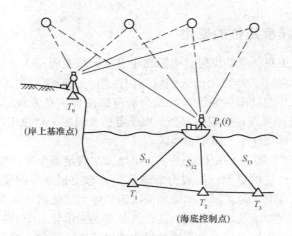

（岸上基准点）

（海底控制点）

图 8-2　海底控制点

8.7.1.2　用 GPS 定位技术进行高精度海洋定位

为了获得较好的海上定位精度，采用 GPS 接收机与船上的导航设备组合起来进行定位。例如，在 GPS 伪距法定位的同时，用船上的计程仪（或多普勒声呐）、陀螺仪的观测值联合推求船位。目前，使用最多、发展最快的是以 GPS 接收机与各种导航设备如罗兰－C、水声应答系统等组合起来的组合导航定位系统。

对于近海海域，还可采用在岸上或岛屿上设立基准站，采用差分技术或动态相对定位技术进行高精度海上定位。如果一个基准站能覆盖 1 500 km 范围，那么在我国沿海只需设立3~4 个基准站便可在近海海域进行高精度海上定位。

利用差分 GPS 技术可以进行海洋物探定位和海洋石油钻井平台的定位。进行海洋物探定位时，在岸上设置一个基准站，另外在前后两条地震船上都安装差分 GPS 接收机。前面的地震船按预定航线利用差分 GPS 导航和定位，按一定距离或一定时间通过人工控制向海底岩层发生地震波，后续船接收地震反射波，同时记录 GPS 定位结果。通过分析地震波在地层内的传播特性，研究地层的结构，从而寻找石油资源的储油构造。根据地质构造的特点，在构造图上设计钻孔位置。利用差分 GPS 技术按预先设计的孔位建立安装钻井平台。具体方法是在钻井平台和海岸基准站上设置差分 GPS 系统。如果在钻井平台的四周都安装 GPS 天线，由 4 个天线接收的信息进入同一个接收机，同时由数据链电台将基准站观测的数据也传送到钻井平台的接收机上。通过平台上的微机同时处理 5 组数据，可以计算出平台的平移、倾斜和旋转，以实时监测平台的安全性和可靠性。

8.7.1.3　GPS 在水下地形测绘中的应用

海上航运、海洋渔业资源的开发，沿海地区养殖业、海上石油工业以及海底输油管道和海底电缆工程，还有其他海洋资源的勘探与开发、水下潜艇的活动等，都离不开水下地形图的测绘。

水下地形测量的基础为海道测量。海底控制测量可确定海底点的三维坐标或平面坐标。而水下地形测量还要利用水声仪器测定水深。目前，海洋 GPS 测绘技术更加成熟，由于海洋内部环境整体变化形式多样，难以根据水位资料和高程测量完成海洋测绘工作，最终获取的预测结果存在误差的可能性极高。对此，应充分发挥 DGPS 技术在海平面之下的地形定值功能，借助水位站的作用实时观测水位变化，并借助水位模型完成海平面数值推导测算工作，确保高程控制数值的准确性。当实际需要测绘的区域位置距海岸较远时，应摒弃传统潮面验潮方法，选择性引入海洋测绘中的"无验潮"技术,在保证海洋测绘精确度范围满足要求的同时,尽可能地缩小水位变化的误差数值。GPS 高程测量技术完成海底高程测定工作运行本质是将处理后的时点高程数据取代水位合成数据,从根本上减少测量误差数值出现的可能性,从而大幅度提升高程测量数据的精确程度。

8.7.2　GNSS 在气象方面的应用

8.7.2.1　GPS 气象学简介

大气温度、大气压、大气密度和水汽含量等量值是描述大气状态最重要的参数。无线电探测、卫星红外线探测和微波探测等手段是获取气温、气压和湿度的传统手段。但是它们与 GPS 手段相比,可明显地看出局限性。无线电探测法的观测值精度较好且垂直分辨率高,但地区覆盖不均匀,在海洋上几乎没有数据。被动式的卫星遥感技术可以获得较好的全球覆盖率和较高的水平分辨率,但垂直分辨率和时间分辨率很低。利用 GPS 手段来遥感大气的优点:它是全球覆盖的,费用低,精度高,垂直分辨率高。根据 1995 年 4 月 3 日美国发射的用于 GPS 气象学研究的 Microlabl 低轨卫星的早期结果显示,对于干空气,在从 57 ~ 3 540 km 的高度上,所获得的温度可以精确到 ±1.0° 之内。正是这些优点使得 GPS/MET 技术成为大气遥感的最迫切、最有希望的方法。

当 GPS 发出的信号穿过大气层中对流层的时候,受到对流层的折射影响,GPS 信号要发生弯曲和延迟,其中信号的弯曲量很小,而信号的延迟量很大,通常在 2.3 m 左右。在 GPS 精密定位测量中,大气折射的影响是被当作误差源而要尽可能将它的影响消除。而在 GPS/MET 中,与之相反,所要求得的量就是大气折射量。通过计算可以得到所需的大气折射量,再通过大气折射率与大气折射量之间的函数关系可以求得大气折射率。大气折射率是气温 T、气压 P 和水汽压力 e 的函数,通过一定关系,则可以求得所需要的量。

8.7.2.2　地基 GPS 气象学

从 20 世纪 90 年代有人提出用 GPS 测量资料来反演大气中的气象参数以来,地基 GPS 气象学迅速发展。通过基于地面 GPS 遥感技术,可以获得很高的时空分辨率,达到毫米级精度的水汽资料,以补充常规探空资料在时间分辨率上的不足,提供快速变化的信息。气象部门结合 GPS 技术可更早、更准确地预报未来天气状况。目前许多国家都正在或已经建立 GPS 连续运行参考站(CORS)网,在提供定位信息的同时进行大气参数分析,从而辅助天气预报和气候监测以及电离层探测等工作。我国除偏远地区外也已建立了覆盖全国的 CORS 系统,其在天气预报中的应用已比较广泛和成熟。

8.7.2.3　空基 GPS 气象学

空基 GPS 气象学是建立在掩星探测基础上的。其原理就是 GPS 卫星信号在传播到载有接收机的低轨卫星时受到地球大气层的遮挡,从而信号传播发生延迟。于是,可以根据低轨卫星上的观测值反求发生遮挡时的大气参数。由于 GPS 卫星和低轨卫星是不断运动的,所以两者之间的连线逐次横切地球大气层,这样便可以求出在各个高度的大气参数。这种方法明显的优势是对大气探测的垂直分辨率很高,但水分辨率非常低,因为信号穿过地球上空时,根据信号与大气层切的程度不同,一般有上百千米的路径。因此,将地基、空基 GNSS 数据的应用结合起来,实现优势互补,才能更好地为气象监测服务。

8.7.2.4　GPS/MET 的应用前景

GPS/MET 探测数据具有覆盖范围广、垂直分辨率高、精度高和长期稳定性高的特点。对它的研究将给天气预报、气候和全球变化监测等领域产生深刻的影响。

1. 天气预报

我们知道，数值天气预报（NWP）模式必须用温、压、湿和风的三维数据作为初值。目前提供这些初始化数据的探测网络的时密度极大地限制了预报模式的精度。无线电探空资料一般只在大陆地区存在，而在重要的海洋区域，资料极为缺乏。即使在大陆地区，探测一般也只是每隔 12 h 进行一次。虽然目前气象卫星资料可以反演得到温度轮廓线，但这些轮廓线有限的垂直分辨率使得它们对预报模式的影响相当小。而 GPS/MET 观测系统可以进行全天候的全球探测，加上观测值的高精度和高垂直分辨率，使得 NWP 精度的提高成为可能。这样可以提高数值天气预报的准确性和可靠性。

2. 气候和全球变化监测

全球平均温度和水汽是全球气候变化的两个重要指标。与当前的传统探测方法相比，GPS/MET 探测系统能够长期稳定地提供相对高精度和高垂直分辨率的温度轮廓线，尤其是在对流层顶和平流层下部区域。更重要的是，从 GPS/MET 数据计算得到的大气折射率是大气温度、湿度和气压的函数，因此可以直接把大气折射率作为"全球变化指示器"。

3. 其他应用

GPS/MET 观测数据有可能以足够的时空分辨率来提供全球电离层映像，这将有助于电离层/热层系统中许多重要的动力过程及其与地气过程关系的研究。例如，重力波使中层大气与电离层之间进行能量和动量交换，通过测量 LEO 卫星和 GPS 卫星之间信号路径上总的电子含量（TEC）来追踪重力波可能是一种方法。

GPS/MET 提供的温度轮廓线还可以用于其他的卫星应用系统中，如臭氧（O_3）的遥感系统中需要提供精确的温度轮廓线，利用 GPS/MET 数据可以很好地满足这一要求。

8.7.3 GNSS 在精准农业中的应用

精准农业是通过信息技术操作与管理现代化农业，即定量、实时诊断耕地和作物长势，并通过土壤形状、光照、湿度、温度等影响因素，动态调整作物投入，从而提高土地生产力的过程，最终实现农业的可持续发展。

20 世纪 90 年代美国率先将 GPS 技术应用到农业生产领域，并在 1992 年 4 月召开第 1 次精准农业学术研讨会，标志着精准农业技术体系初步形成。随着 GLONASS、GALILEO、BDS 的建设，以及相关增强系统的不断发展，GNSS 导航技术在精准农业的应用越来越广泛。

8.7.3.1 GNSS 在农业机械中的作用

1. 导航农机作业

GNSS 可以实时确定农业机械位置，将原有的精度和速度进行提升，进而促进农业生产和作业效率的提高。

根据安装在农业机械上的 GNSS 接收机获取的数据，经过中央控制器处理后，得到实时、高精度农业机械位置和方向，对驾驶员操作进行指导。

2. 变量施肥

在计算机决策系统的支持下，安装 GNSS 接收机的喷施器，根据农田土壤养分含量的分布图及依据卫星信号确定的实时位置，实现对田间各区域不同类别的变量施肥。

另外，利用飞机进行播种、施肥、除草灭虫等工作，费用很高。合理地布设航线和准确地引导飞行，将大大节省飞机作业的费用。利用差分 GPS 对飞机精密导航能使投资降低 50%。

利用 GPS 差分定位技术可以使飞机在喷洒化肥和除草剂时减少横向重叠，节省化肥和除草剂用量以减少转弯重叠，避免浪费。对于在夜间喷施，更有其优越性，因为夜间蒸发和漂移损失小，另外夜间植物气孔是张开的，更容易吸收除草剂和化肥，提高除草和施效率。依靠差分 GPS 进行精密导航，引导农机具进行夜间喷施和田间作业，可以节省大量的农药和化肥。

3. 农田产量监测

影响作物产量的因素通过以 GIS 技术直观表达产量监控器获得的数据，并结合土壤分布情况进行确定。根据对各种因素的实时测量，可以帮助种植者对农作物进行管理。

GNSS 技术在农业领域发挥重要作用，尤其是对推动社会主义新农村建设及促进农业转型升级有着积极的推动作用。但是目前我国正处于 GNSS 技术在农业应用的试验阶段，相关技术和设备还需进一步加强和完善，尤其是适用于大规模机械化生产的技术仍处于起步阶段，因此，必须重视 GNSS 技术在农业管理中的技术研究和应用。

8.7.3.2　黑龙江某农场自动导航驾驶系统应用案例

2012 年，OutBack 自动导航驾驶系统成功安装在黑龙江某农场 30 套的迪尔 7830、克拉斯 836 等拖拉机上，根据后期数据统计，在秋整地和秋起垄作业过程中，该系统大幅度提升了驾驶员的工作效率，节约了生产成本。30 套机车共计节约资金 59.25 万元，主燃料 79 t，增加时间利用 7 个百分点，提高效率 20% 以上，最终实现 118.56 万元资金的节省，进一步提高了农民的创收。

8.7.4　GNSS 在海洋渔业中的应用

海洋渔业是北斗短报文特色服务普及较早应用广泛的行业。

海洋渔业主要包括渔船出海导航、渔政监管、渔船出入港管理、海洋灾害预警、渔民短报文通信等应用。特别是在没有移动通信信号的海域，使用北斗系统短报文功能，渔民能够通过北斗终端向家人报平安，有力保障了渔民生命安全、国家海洋经济安全、海洋资源保护和海上主权维护。

8.7.5　GNSS 在防灾减灾中的应用

科学地开展崩塌、滑坡、地陷、泥石流等地质灾害的监测工作，掌握地质灾害产生、演变的特征、规律，能够为地质灾害的合理评价和准确预警工作提供数据保障。

通过常规手段对地面水平位移监测、沉降监测的方法存在着观测周期长，数据处理烦琐、误差容易累积等局限，不能实时、灵敏地反映地质灾害变形情况，人为因素影响较大及作业效率较低且人力财力消耗较大等问题。GNSS 定位技术代替常规监测方法对地质灾害进行监测则能够很好地解决这些问题。

利用 GNSS 变形监测、SCCORS 等技术可用于高精度不稳定斜坡变形在线监测研究和应用。通过系统设计与集成，为地质灾害发生的可能性分析与预报提供科学依据。

另外，防灾减灾领域，也是北斗应用较为突出的行业应用之一。通过北斗系统的短报文与位置报告功能，实现灾害预警速报、救灾指挥调度、快速应急通信等，可极大提高灾害应急救援反应速度和决策能力。

北斗系统在防灾减灾领域的应用主要包括灾情上报、灾害预警、救灾指挥、灾情通信、桥梁水库等监测等应用。其中，救灾指挥、灾情通信使用了北斗特有的短报文功能，楼宇、桥梁、水库等应用利用了高精度北斗服务。

8.7.6　GNSS 在林业中的应用

GPS 技术在确定林区面积，估算木材量，计算可采伐木材面积，确定原始森林、道路位置，对森林火灾周边测量，寻找水源和测定地区界线等方面可以发挥其独特的重要作用。在森林中进行常规测量相当困难，而 GPS 定位技术可以发挥它的优越性，精确测定森林位置和面积，绘制精确的森林分布图。

1. 测定森林分布区域

美国林业局根据林区的面积和区内树木的密度来销售木材。对所出售木材面积的测量闭合差必须小于 1%。在一块用经纬仪测量过面积的林区，采用 GPS 沿林区周边及拐角处进行 GPS 定位测量并进行偏差纠正，得到的结果与已测面积误差为 0.03%，这一实验证明了测量人员只要利用 GPS 技术和相应的软件沿林周边使用直升机就可以对林区的面积进行测量。过去测定所出售木材的面积要求用测定面积的各拐角和沿周边测量两种方法计算面积，使用 GPS 进行测量时，沿周边每点上都进行了测量，而且测量的精度很高、很可靠。

2. GPS 技术用于森林防火

利用实时差分 GPS 技术，美国林业局与加利福尼亚的喷气推进器实验室共同制订了"Fire-fly"计划。它是在飞机的环动仪上安装热红外系统和 GPS 接收机，使用这些机载设备来确定火灾位置，并迅速向地面站报告。另一计划是使用直升机或轻型固定翼飞机沿火灾周边飞行并记录位置数据，在飞机降落后对数据进行处理，并把火灾的周边绘成图形，以便进一步采取消除森林火灾的措施。

3. 北斗技术在我国林业中的应用

林业是北斗系统应用较早的行业之一。林业管理部门利用北斗技术进行林业资源清查、林地管理与巡查等，大大降低了管理成本，提升了工作效率。

北斗技术在我国林业中的应用主要包括林区面积测算、木材量估算、巡林员巡林、森林防火、测定地区界线等。其中巡林员巡林、森林防火等使用了北斗特有的短报文功能。特别是在国家森林资源普查中，北斗卫星导航技术结合遥感等技术，发挥了重要作用。而随着中国林区实行集体林权改革，北斗系统也在勘界确权上得到了广泛应用。

8.7.7　GNSS 在旅游及野外考察中的应用

在旅游及野外考察中，比如到风景秀丽的地区去旅游，到原始大森林、雪山峡谷或者大沙漠地区去进行野外考察，GPS 接收机是最忠实的向导，可以随时知道使用者所在的位置及行走速度和方向，使用者不会迷失路途。目前掌上型导航接收机、手表式的 GPS 导航接收机已经问世，携带和使用更方便。

基于北斗的公安信息化系统，实现了警力资源动态调度、一体化指挥，提高了响应速度与执行效率。

基于北斗的各种陆地、航海、航空导航技术推动着交通信息化和现代化的发展：车辆自主导航、车辆跟踪监控、车辆智能信息系统、车联网应用、铁路运营监控等；远洋运输、内河航运、船舶停泊与入坞等；航路导航、机场场面监控、精密进近等。随着交通的发展，高精度应用需求加速释放。

北斗系统导航、定位、短报文等功能，为老人、儿童、残疾人等特殊人群提供相关服务，保障安全。

随着中国北斗卫星导航定位系统的全面建成，GNSS 的应用将更加深入人们日常生活中的各个领域，其应用前景也将更加广阔。

参考文献

[1] 边少锋，李文魁. 卫星导航系统概论 [M]. 北京：电子工业出版社，2005.

[2] 陈俊勇，胡建国. 建立中国差分 GPS 实时定位系统的思考 [J]. 测绘工程，1998（1）：6-10.

[3] 陈小明，刘基余，李德仁. OTF 方法及其在 GPS 辅助航空摄影测量数据处理中的应用 [J]. 测绘学报，1997（2）：101-108.

[4] 国家自然科学基金委员会地学部，中国地震局科技发展司. 高精度 GPS 观测资料处理、解释学术研讨会论文集 [C]. 武汉，2001.

[5] 国务院办公厅. 国家卫星导航产业中长期发展规划 [J]. 卫星应用，2013（6）：38-43.

[6] 胡明城. IUGG 第 20 届大会大地测量文献综合报导 [J] 测绘译丛，1992（3）：1-28.

[7] 李德仁，郑肇葆. 解析摄影测量学 [M]. 北京：测绘出版社，1992.

[8] 李清泉，郭际明. GPS 测量数据处理系统 GDPS 设计 [J]. 工程勘察，1993（3）：61-64.

[9] 李延兴. 首都圈 GPS 地形变监测网的布设与观测 [J]. 中国空间科学技术，1996（4）：60-64.

[10] 李英冰，徐绍铨. 利用 RTK 进行数字化测图的经验总结 [J]. 全球定位系统，2005（5）：30-34.

[11] 李毓麟. 高精度静态 GPS 定位技术研究论文集 [M]. 北京：测绘出版社，1996.

[12] 李征航，黄劲松. GPS 测量与数据处理 [M]. 3 版. 武汉：武汉大学出版社，2016.

[13] 李征航，张小红. 卫星导航定位新技术及高精度数据处理方法 [M]. 武汉：武汉大学出版社，2009.

[14] 刘大杰，施一民，过静珺. 全球定位系统（GPS）的原理与数据处理 [M]. 上海：同济大学出版社，1996.

[15] 刘基余，李征航，王跃虎，等. 全球定位系统原理及其应用 [M]. 北京：测绘出版社，1993.

[16] 刘基余. GPS 卫星导航定位原理与方法 [M]. 2 版. 北京：科学出版社，2017.

[17] 刘经南，陈俊勇，张燕平，等. 广域差分 GPS 原理和方法 [M]. 北京：测绘出版社，1999.

[18] 刘经南，葛茂荣. 广域差分 GPS 的数据处理方法及结果分析 [J]. 测绘工程，1998（1）：1-5.

[19] 刘经南，刘焱雄. GPS 卫星定位技术进展 [J]. 全球定位系统，2000（2）：1-7.

[20] 柳景斌. Galileo 卫星导航定位系统及其应用研究 [D]. 武汉：武汉大学，2004.

[21] 吕伟才，高井祥，蒋法文，等. 煤矿开采沉陷自动化监测系统及其精度分析 [J]. 合肥工业大学学报：自然科学版，2015（6）：846-850.

［22］吕伟才，蒋法文，杭玉付，等．改善移动终端测量精度的卡尔曼滤波算法［J］．导航定位学报，2016（2）：47－52．

［23］宋成骅，许才军，刘经南，等．青藏高原块体相对运动模型的 GPS 方法确定与分析［J］．武汉测绘科技大学学报，1998（1）：21－25，导航定位学报，2016，4（2）：47．

［24］王广运，郭秉义，李洪涛．差分 GPS 定位技术及应用［M］．北京：电子工业出版社，1996．

［25］王新洲．GPS 基线向量网粗差定位试验［J］．武汉测绘科技大学学报，1995，20（2）：157－162．

［26］徐绍铨，高伟，耿涛，等．GPS 天线相位中心在垂直方向偏差的研究［J］．铁道勘察，2004（3）：6－8．

［27］徐绍铨，黄学斌，程温鸣，等．GPS 用于三峡库区滑坡监测的研究［J］．水利学报，2003（1）：114－118．

［28］徐绍铨，吴祖仰．大地测量学［M］．2版．武汉：武汉测绘科技大学出版社，2000．

［29］徐绍铨，余学祥，黄学斌，等．直接解算三维变形量 GPS 软件（Gquicksl.5）研制及在三峡库区滑坡监测中的应用［J］．世界科技研究与发展，2006（3）：20－25．

［30］余学祥，徐绍铨，吕伟才．CPS 变形监测信息的单历元解算方法研究［J］．测绘学报，2002（2）：123－127．

［31］徐绍铨，余学祥．用两颗 GPS 卫星进行变形监测的研究［J］．大地测量与地球动力学，2004（1）：77－80．

［32］徐绍铨．GPS 定位技术在地籍测量中的应用及发展前景［J］．中国土地科学，1995（2）：39－40＋25．

［33］徐绍铨．GPS 水准的试验与研究［J］．工程勘察，1994（3）：45－48．

［34］徐绍铨．隔河岩大坝 GPS 自动化监测系统［J］．铁路航测，2001（4）：42－44．

［35］许其凤．GPS 卫星导航与精密定位［M］．北京：解放军出版社，1989．

［36］余学祥，董斌，高伟，等．《卫星导航定位原理及应用》习题集与实验指导书［M］．徐州：中国矿业大学出版社，2015．

［37］余学祥，吕伟才，柯福阳，等．煤矿开采沉陷自动化监测系统［M］．北京：测绘出版社，2014．

［38］余学祥，王坚，刘绍堂，等．GPS 测量与数据处理［M］．徐州：中国矿业大学出版社，2013．

［39］余学祥，徐绍铨，吕伟才．GPS 变形监测的 SSDM 方法的理论与实践［J］．测绘科学，2006（2）：32－35．

［40］余学祥，徐绍铨，吕伟才．GPS 变形监测数据处理自动化——似单差法的理论与方法［M］．徐州：中国矿业大学出版社，2004．

［41］余学祥，徐绍铨，吕伟才．三峡库区滑坡体变形监测的似单差方法与结果分析［J］．武汉大学学报：信息科学版，2015（5）：451－455．

［42］余学祥．GPS 变形监测信息获取方法的研究与软件研制［J］．武汉大学学报：信息科学版，2003（4）：583－504．

［43］张华海，高井祥，余学祥．矿区 GPS 网坐标转换的高崩溃污染率抗差估计［J］．地壳形变与地震，1998（4）：22－29．

［44］赵长胜，等 . GNSS 原理及应用［M］. 北京：测绘出版社，2015.

［45］中国全球定位系统应用技术协会 . 中国全球定位系统技术应用协会第六次年会论文集［C］. 北京，2001.

［46］中国全球定位系统应用技术协会 . 中国全球定位系统技术应用协会第三次年会论文集［C］. 北京，1998.

［47］中国全球定位系统应用技术协会 . 中国全球定位系统技术应用协会第四次年会论文集［C］. 北京，1999.

［48］中国全球定位系统应用技术协会 . 中国全球定位系统应用技术协会第八次年会论文集［C］. 北京，2005.

［49］中国全球定位系统应用技术协会 . 中国全球定位系统应用技术协会第九次年会论文集［C］. 北京，2007.

［50］中国全球定位系统应用技术协会 . 中国全球定位系统应用技术协会第七次年会论文集［C］. 北京，2003.

［51］中华人民共和国国家质量监督检验检疫总局，中国国家标准化管理委员会 . GB/T 18314—2009 全球定位系统（GPS）测量规范［S］. 北京：中国标准出版社，2009.

［52］中华人民共和国住房和建设部 . CJJ/T 73—2010 卫星定位城市测量技术规范［S］. 北京：中国建筑工业出版社，2010.

［53］周忠谟，易杰军 . GPS 卫星量原理与应用［M］. 北京：测绘出版社，1992.

［54］徐绍铨，张华海，杨志强，等 . GPS 测量原理及应用［M］. 4 版 . 武汉：武汉大学出版社，2017.

［55］张东明，邓军 . GNSS 定位测量技术［M］. 武汉：武汉理工大学出版社，2016.